U0311417

蚧虫泌蜡机制与应用外源信号分子进行生物防治的研究

张艳峰 著

中国林业出版社

图书在版编目（CIP）数据

蚜虫泌蜡机制与应用外源信号分子进行生物防治的研究／张艳峰著．—北京：中国林业出版社，2012.7

ISBN 978-7-5038-6679-1

Ⅰ．①蚜… Ⅱ．①张… Ⅲ．①生物防治－研究 Ⅳ．①S476

中国版本图书馆 CIP 数据核字（2012）第 157722 号

出版 中国林业出版社（100009 北京西城区刘海胡同 7 号）

网址 lycb. forestry. gov. cn

E-mail forestbook@ 163. com **电话** 010-83222880

发行 中国林业出版社

印刷 北京北林印刷厂

版次 2012 年 7 月第 1 版

印次 2012 年 7 月第 1 次

开本 880mm×1230mm 1/32

印张 5.5

字数 170 千字

印数 1～1000 册

定价 40.00 元

前 言

蚧虫是蚧总科 Coccoidea 昆虫的总称，全世界记录 7355 种，在分类上属昆虫纲 Insecta 半翅目 Hemiptera，分属于 25 科。除了白蜡虫（蚧科）和紫胶虫（胶蚧科）的蜡泌物作为生物资源外，其余大多数种类是农林、果树和花卉业的重大害虫。蚧虫是昆虫纲中最特殊的一类昆虫，它们的虫体具有多种泌蜡腺体，能分泌蜡质，形成保护性的蜡壳。蚧虫一生大部分时间都隐藏在蜡壳下生活，防治十分困难。深入研究蚧虫的泌蜡腺体和蜡泌物的超微结构和泌蜡机制，不仅对蚧虫的正确分类十分重要，而且对认识蚧虫的生理代谢、生化反应、生长发育、细胞遗传、系统发育与进化、科学防治诸方面都有重要的理论意义和应用价值。但是，这方面的研究十分缺乏。目前在世界范围内关于蚧虫蜡泌物的研究只涉及 18 科 49 属 66 种，我国的研究报道只有 2 科 18 种，这在世界蚧虫 7000 余种中还不到 1%。

以往对蚧虫防治主要采用喷洒化学杀虫剂的方法，由于杀虫剂不能渗入蜡壳，防治难以奏效，反而污染环境，杀伤天敌昆虫，导致蚧虫再猖獗。利用捕食性和寄生性的天敌昆虫对蚧虫进行生物防治是很好的选择。但是，在蚧虫发生的林地中天敌昆虫往往有跟踪滞后和种群不稳定的问题，使蚧虫失去控制。近年来，一些研究发现外源信号物质如茉莉酸（JA）类处理植物，可以诱导植物产生对天敌昆虫具有引诱作用的挥发性化合物，增加对害虫的捕食和寄生效果，促进生物防治。然而，利用外源激素作为信号物质，诱导蚧虫寄主植物产生挥发物，引诱天敌昆虫对蚧虫进行生物防治的研究还没有报道。因此，开展这方面的研究对开辟人工调控的高效生物防治新途径将具有重要意义。

研究内容包括以下两个方面：

一方面是蚧虫泌蜡腺体的发育和蜡泌物的超微结构与功能研究，通过大范围采集蚧虫和定点连续多次采样、显微观察、光学显微制片、石蜡切片、显微拍照、扫描电镜技术等，详细研究了5科10属11种蚧虫的蜡泌物和泌蜡腺体的超微结构特征及体壁构造和蜡腺细胞。

另一方面是外源信号分子诱导柿树对红点唇瓢虫的招引作用与挥发物化学成分变化的关系研究，在2007~2008年5月、7月和9月，以山西省临猗县日本龟蜡蚧 *Ceroplaste japonicus* Green 发生的柿树林作为试验点，采用"Y"型嗅觉仪、顶空收集气体装置、溶剂洗脱 GC/MS 和热脱附 GC/MS 两种分析方法研究茉莉酸甲酯(MeJA)处理后，柿树挥发物对红点唇瓢虫 *Chilocorus kuwanae* Silvestri 引诱效应的变化及其与挥发物化学成分变化之间的关系。分析筛选出挥发物中对红点唇瓢虫具有吸引力的有效组分，并通过单组分物质进行验证。

综上所述，通过外源信号分子的诱导，可以促进柿树释放对天敌具有引诱作用的挥发物，增加林地内化学信息素的浓度，在蚧虫发生初期就能将天敌昆虫引入林地，不断感受化学信号的刺激，使其招得来，留得住，提高捕食和寄生的效果，实现蚧虫的可持续控制。

张艳峰

2012 年 4 月

PREFACE

The scale insects belong to Coccoidea of Hemipetera in Insecta, and 7355 species in 25 families was recorded in the world. The majority of them are considered as pests in agricultural crops, forests, fruit trees and ornamental plants, except *Ericerus pela* and *Laccifer lacca* as beneficial resource insects for their useful wax secretions. Scale insects are some of the most unusual insects known, they possess various wax-secreting glands in the integument through which mass wax substances were secreted and formed wax covering or wax test on the surface of body. The scale insects concealed themselves in the wax covering and were protected so well that it is difficult to control them by chemical pesticides. Therefore, it is of great significance to investigate the fine structure of the wax glands and the waxy secretions as well as the wax-secreting mechanism not only for correct classification but also for deeply understanding their characteristics in biology, physiology, phylogeny and evolution and integrated control of the scale insects. Unfortunately, only 66 species in 18 families were studied on their wax secretion in the world and 18 species in 2 families in China.

In general, many insecticides were usually used to control the scale insects but the effect was not satisfying, due to the hinder of the waxes. Contrarily, insecticides brought in the environment pollution and the natural enemies death. So the biological control by applying some parasitoids and predators of the scale insects was a favourable choice. However, there are two main constraints factors in biological control. The first is the population establishment of the natural enemies usually later in the forest or orchard where the scale insects have infested for a long time. The second is the population fluctuation of the natural enemies in the field environment.

Recent years, it was discovered that some exogenous materials such as Jasmonic acid (JA) was able to induce plants changing their volatile compositions so that natural enemies were attracted and recruited. However, few scale insects were involved in these studies on semiochemicals existing in the tritrophic levels of the scale insects-host plants-natural enemies. Therefore, it is significant to do some research in this field to develop biology control of scale insects.

In this study, we investigated in the two aspects on the control of the scale insects. Firstly, 11 species of 5 families were studied on their wax-secreting glands in integument and the wax secretions including their biodiversity, fine- and ultra-structure, development process and function by using microscopy, standard histological examination and scanning electron microscopy.

Secondly, the induced effect of the host plant persimmon trees, *Diospyros kaki* L. was studied based on both the infestation of Japanese wax scale, *Ceroplastes japonicus* Green (Hemiptera: Coccidae), a pest and the treatment of methyl jasmonate (MeJA), an exogenous signal material, to investigate whether *Chilocorus kuwanae* Silvestri (Coleoptera: Coccinellidae), a predator of the wax scale response and aggregate to the induced persimmon trees and the relationship with the volatile emission of persimmon trees.

The experiments were conducted during May, July and September in 2007 and 2008 in the two persimmon orchards located at Linyi County of Shanxi Province in China. The change of tropism response of C. kuwanae and the relation with the variety of chemical compositions of the volatile samples were studied by using Y-tube olfactometer, the headspace volatile trapping instrument, Gas Chromatograph/Mass Spectrometry (GC/MS) and by Thermal-Desorption Cold Trap-Gas Chromatograph/Mass Spectrometry (TCT-GC/MS).

In summary, application of exogenous signal molecule could induce the persimmon trees to emit more volatiles that attract the natural enemies, enhance the quantities of semichemicals. Based on that, the natural enemies could be attracted into the orchards in the early time of scale insects infestation where the natural enemies accepted the stimulation from the semichemicals. Consequently, the natural enemies not only could be attracted but also be kept there and biological control of the scale insects would be accomplished.

Zhang Yanfeng

April, 2012

目　录

第3篇 应用外源信号分子在蚧虫生物防治上的研究

第1篇
概 述

一、蚧虫及它的经济价值

蚧虫，又称介壳虫，在分类上属昆虫纲 Insecta、半翅目 Hemiptera，蚧总科 Coccoidea，据 Ben-Dov 和 Miller（2008）统计全世界记录 25 科 7355 种[1]，据汤枋德（1991）统计我国蚧虫已知有 20 科 700 余种[2]，除了我国著名的白蜡虫（属蚧科 Coccidae）和紫胶虫（属蚧胶科 Lacciferidae）作为资源昆虫早在 13 世纪就被人工开发开始应用外[3]，其余大多数种类是世界性农林、果树、花卉和观赏植物的重要害虫[4~6]。

在同翅类中与蚧虫亲缘关系最近缘的昆虫类群是蚜虫（蚜虫总科 Aphidoidea）、粉虱（粉虱总科 Aleyrodoidea）和木虱（木虱总科 Psylloidea）（图 1-1）[7]。这 3 个类群除了在形态学、生物学及生态学特性上与蚧虫有很多相同或相近的特点外，在虫体分泌蜡质方面也有很多相似之处，都可以在虫体表面分泌蜡质[8]。比较而言，蚧虫是泌蜡量最多，泌蜡腺体和蜡泌物的多样性最为丰富的一类[15]。在蚧总科，根据虫体结构的进化程度分为古蚧类 Palaeococcomorpha 和新蚧类 Neococcomorpha 两大群。其中盾蚧科 Diaspididae、粉蚧科 Pseudococcidae 和蚧科 Coccidae 为虫种最多的三大科[9]。

蚧虫是昆虫纲中最特殊的一类昆虫，它们的特殊性表现在以下几个方面[5]：

（1）雌雄二型，雌成虫和雄成虫在形态学上有很大的差异。从卵孵化出的若虫，一般体为扁平的椭圆形和近圆形，体分节明显。进入 2 龄或 2 龄后期，雌雄分化，雌虫发育形状基本保持若虫的体型，只是更大、更鼓起，无翅。到了成虫期这种雌雄异型的特化达到顶点。雄性由若虫发育为预蛹、蛹、成虫。雄成虫体型小而状如蚊，具前翅一对，后翅退化为平衡棒。

（2）泌蜡腺体与蜡壳的多样性，蚧虫体壁分布有多种腺体，数量很多，在发育过程中分泌大量蜡质，在虫体表面形成不同形状的蜡壳和蜡被。盾形介壳，主要由盾蚧科 Diaspididae 等类群的虫体分泌形成，质地薄而硬化，它是蚧虫蜡壳中最特化的一种，由虫体表面的泌蜡和各个龄期的蜕皮共同形成；固定形状的厚蜡壳，主要有蚧科 Coccidae 的蜡蚧类、胶蚧科 Lacciferidae 和壶蚧科 Cerococcidae 等类群的虫体分泌形成，此类蜡壳是蚧总科虫体中分泌蜡质最多的类型，蜡泌物可占到虫体总重量的58%～98%；薄层半透明蜡壳，这种蜡壳主要由蚧科的软蚧类和其他类群幼期的虫体分泌形成；厚的粉状蜡被，在粉蚧科 Pseudo-coccidae 最为典型，虫体分泌出的蜡质为粉末状，在虫体表面堆积形成一定形状的蜡被层，此类蜡壳与蚧科的蜡蚧类相比，泌蜡量相对较少；毡囊状蜡壳，此类蜡壳主要由毡蚧科 Eriococcidae 虫体分泌产生，状如毡片，常为圆球形，虫体包裹其中；卵囊，在珠蚧科 Margarodidae、蚧科 Coccidae 和粉蚧科 Pseudococcidae 等类群，蚧虫产卵期由雌成虫分泌大量细蜡丝和蜡粉，黏连成长条形的袋状蜡囊，雌成虫将卵产于囊中，起到保护卵粒的作用。如此大量的蜡泌物和多变的表现形式，足以说明它们在蚧虫的整个生命过程中具有重要意义，已远远超过次生代谢物的概念，成为蚧虫身体一个不可缺少的组成部分。

（3）两种变态类型，蚧虫变态属于不完全变态类型（Incomplete metamorphosisi），雌虫发育经卵期、若虫期、成虫期3个阶段，属不完全变态的渐变态（Paurometabola）；而雄虫则经卵期、若虫期、预蛹-蛹期、成虫期，完成一个世代，其变态过程有一个蛹期，幼期翅在体外发生，为过渐变态（hyperpaurometamorphosis）。

（4）生物学特殊性，蚧虫营有性生殖和孤雌生殖两种生殖，孤雌生殖方式就存在7种现象，生殖方式的多样性是蚧虫为了适应自然恶劣环境和扩大分布的一种本能反应；蚧虫雌成虫产卵繁殖，孵化后为1龄若虫，而有些种类如褐软蚧是以卵胎生方式生殖，卵在母体内发育完成，产出时即为若虫；生殖力强，1个雌成虫产卵量常在数十粒到数千粒不等，日本龟蜡蚧平均产卵量为 1200 粒。

(5)刺吸取食与固定危害，蚧虫一生大部分虫态和虫期都是营固定寄生，只有初孵若虫爬行扩散到寄生部位上去，一旦口器刺入寄主组织内，大多数雌蚧虫终生不动，危害期较长，直到产卵完毕死去。雄虫则在羽化后靠飞行寻雌交配，寿命仅 1～2d。由蚧虫排泄的蜜露还可导致霉污严重，阻碍树体的光合作用和呼吸作用。

蚧虫的这些特点导致了其对外界不利条件的干扰具有很强的抵御能力，使天敌捕食和病原物入侵受到障碍。由于化学药剂不能渗透蜡壳，使防治很难奏效。特别在现代，随着全球气候反常，生态恶化，环境污染加剧，蚧虫的抗逆性强、繁殖力大，成活率高的生存优势表现的更加突出，它们的入侵和泛滥，常会对相关产业造成毁灭性的灾难。如澳洲吹绵蚧 *Icerya purchasi* Maskell 于 19 世纪后期侵入美国加利福尼亚州后，给该州柑橘业带来毁灭性的灾难，造成巨大的经济损失[10]；松突圆盾蚧 *Hemiberlesia pitysophila* Takagi 近十几年在我国广东省大面积毁灭马尾松林[11]；日本龟蜡蚧 *Ceroplastes japonicus* Green 严重危害我国北方重要的经济果树，特别在枣林和柿树林发生严重，造成经济损失巨大。在山西的中南部，如临汾、闻喜、运城、临猗、万荣等地，大面积的柿林受害严重，林内虫枝累累，树势衰弱，果实减产近 7 成，很多果树甚至不结果，濒临死亡[12]。

根据蚧虫向新栖息地扩散的途径是随寄主由人为传带方式为主，到新生地适应力强，能很快形成种群优势，造成严重危害，并且防治困难的特点，国际贸易中各国都以法规的方式将蚧虫列入检疫对象，严格控制其传播。各国根据本国的农林业的生产和蚧虫的发生，对不同进出口的农林产品都有专门的蚧虫检疫对象。我国森林植物检疫对象(1996 年修订版)有 35 种森林植物病虫害，其中包括 4 种蚧虫[13]。随着经济全球化，国际的农林苗木、花卉，水果的贸易量越来越大，为蚧虫传播提供了机会，使蚧虫检疫和控制的任务更加艰巨。

二、蚧虫泌蜡腺体和蜡泌物超微结构的研究

基于蚧虫蜡泌物的特殊性，科学界很早就对此予以关注，并在 20 世纪前期作了不少观察和研究工作，其中 Chibnall 等[14]对蜡蚧的蜡泌物的化学研究是比较好的代表。但对蜡泌物的超微结构和化学成分研究是从 20 世纪中叶以后，随着电子显微镜和现代化学分析仪器的出现才真正开始。为了观察蚧虫身体上的细微结构，对虫体材料处理过程是先挑选适合的标本，用戊二醛浸泡固定，再用二甲苯洗去虫体表面的蜡质，为了将蜡质清洗干净，可以将二甲苯加热，反复漂洗虫体，直到清洗干净后，在真空干燥器内干燥标本，最后将标本固定在样品台上喷金，然后通过扫描电子显微镜观察拍照。值得注意的是，观察虫体表面细微结构的标本处理方法对观察虫体表面蜡泌物的结构却不能应用。前者是希望将蜡质处理清洗干净，将虫体的腺体和毛刺等暴露出来，后者是要保持蜡质的原始形态，尽量不能损坏。据统计，蚧虫虫体表面超微结构和蜡泌物的电子显微镜(SEM)观察的研究报道全世界已涉及种类 18 科 49 属 66 种，其中以虫体表面超微结构研究为主。通过这些研究，获得了许多关于蜡泌物及泌蜡腺体的形态结构在光学显微镜下难以观察到的新知识。主要工作有：日本的昆虫学家 Kawai 和 Tamaki[15~18]对分布于日本的蜡蚧如伪角蜡蚧 *Ceroplastes pseudocerferus*，日本龟蜡蚧 *C. japonicus* 和红蜡蚧 *C. rubens* 的系列研究和 20 世纪 80 年代 Hashimoto[19~20]对珠蚧科草履蚧 *Drosicha corpulenta* Kuwana 和其他几种蚧虫的研究；法国的 Foldi[21~27]对褐软蚧 *Coccus hesperidum* L. 等、珠蚧科 Margarodida 地下类群 *Porphyrophora* 等 3 属 6 种的研究；对壶蚧科 Cerococcidae 的 *Cerococcus* 等 3 属 3 种(Foldi，1995)的研究；对蚧总科 13 个科的蜡腺比较(Foldi，1985)一系列工作。Hartley[28]对南非胭蚧科的 *Dactylopius opuntiae* 和 *D. austrinus* 的比较；Kumar, et al. [29]对粉蚧科的 *Maconellicoccus hirsutus* 研究；毡蚧科 Eriococcidae 方面有 Waku, et al. [30]对 *Eriococcus lagerstaemiae* Kuwana 的研究；澳大利亚的 Gullan[31~32]对澳毡蚧属 Apiomorpha 6 个种的比较和 Bielenin, et al. [33~34]对毡蚧科 *Gossyparia spuria* 的观察；菲律宾的 Lit [35]对胶蚧科 Kerriidae 4 属 4 种的蜡腺的

比较(2002);Takagi[36]对旌蚧科 Ortheziidea 的观察等。

在我国关于蚧虫的早期研究主要集中在区系调查和分类,有一系列代表性专著出版,如 1982 年杨平澜[4]出版《中国蚧虫分类概要》;王子清[37~40]在 1980、1982、1994 年先后出版《常见蚧虫分类手册》、《中国农区的介壳虫》、《中国经济昆虫志》(第 24 册同翅目粉蚧科)、《中国经济昆虫志》(第 43 册同翅目蜡蚧科、链蚧科、盘蚧科、壶蚧科、仁蚧科);周尧[3,41]出版《中国盾蚧志》(第一、二、三卷)《中国昆虫学史》;1983 年陈方洁[42]出版《中国雪盾蚧族》;汤枋德[2,43~48]先后出版《中国园林主要蚧虫》(第一、二、三卷)、《内蒙古蚧害考察》、《中国蚧科》、《中国粉蚧科》、《中国珠蚧科及其他》。这些著作基本上属于蚧虫基础分类,没有涉及蜡泌物及其腺体的超微结构研究。除了陈晓鸣[49]、吴次彬[50]和 Li. C. [51]对我国白蜡虫和紫胶虫有较充分的研究之外,本研究文献查阅中仅见 2000 年以前的一篇,为杨平澜等[52]关于松干蚧 Matsucoccus matsumurae (Kuwana) 蜡腺扫描电镜观察的报道,其他蚧虫蜡泌物研究几乎尚属空白。谢映平[53]于 2001 年完成其博士论文《中国蚧科昆虫蜡泌物及其系统学意义研究》,采用扫描电镜(SEM)、红外光谱(IR)和气质联用(GC/MS)技术,系统地研究了蚧科(Coccidae)昆虫蜡泌物的超微结构和化学成分,在昆虫学报等刊物上先后发表了多篇论文[54~60],并于 2006 年出版专著《蚧科昆虫的蜡泌物超微结构和化学成分》[61],该著作中报道了关于我国蚧科的 15 属 17 种蚧虫的蜡泌物超微结构、红外光谱特征和化学成分,这项研究填补了我国在这一领域的空白,也是目前世界上对蚧虫蜡泌物较系统研究的唯一专著。

然而综观国内外研究现状,目前存在如下问题,首先是涉及的虫种数量很少,截至目前仅涉及蚧虫昆虫 66 种,与蚧总科 7000 余种相比,还不到 1%。研究虫种零散而没有规律,缺乏系统性。很难全面地了解掌握蚧虫蜡泌物的总体特征以及在系统发生研究中的应用。其次是大多数的研究只选择雌成虫一个虫态作为材料,而蜡泌物的超微形态不仅在不同的属种之间具有明显不同,在同种的雌雄性别之间和不同的发育龄期之间也有差别。因此,开展蚧虫泌蜡腺体、蜡泌物的结构和泌蜡过程的研究不仅对蚧虫的正确分类,而且对认识蚧虫的生理代谢、生化反应、生长发育、生物生态、细胞遗传、系统进化、科学防治诸方面都有重要的理论意义和应用价值。

三、外源信号分子在蚧虫生物防治上的应用

通常对蚧虫的防治主要采用化学杀虫剂的方法，如内吸性杀虫剂久效磷、氧化乐果，触杀性菊酯杀虫剂速灭杀丁、氯氰菊酯和乐斯本等。化学杀虫剂对蚧虫的防治效果并不理想，且使用后大量的蚧虫天敌被杀灭，还会严重污染水体、大气和土壤，并通过食物链进入人体，危害人类健康。利用生物防治虫害，就能有效地避免上述缺点，因而具有广阔的发展前途。生物防治具有不污染环境、对人和其他生物安全、防治作用比较持久、易于同其他植物保护措施协调配合并能节约能源等优点，已成为植物病虫害综合治理中的一项重要措施。利用天敌防治害虫在中国由来已久。晋代《南方草木状》中，已有利用黄猄蚁防治柑橘害虫并将蚁巢作为商品出售的记载。早期以利用捕食性天敌居多。到 19 世纪，利用对象逐渐扩大到寄生性天敌，并从以虫治虫扩大到以菌治虫。国际间的天敌引种较早的是 1874 年新西兰从英国引进十一星瓢虫以防治蚜虫；1882 年加拿大从美国引进一种赤眼蜂以防治锯蜂等，都取得一定的效果。特别是 1888 年，美国从澳大利亚引进澳洲瓢虫防治加利福尼亚州柑橘上的吹绵蚧获得成功，挽救了濒临毁灭的柑橘种植业。这一事实不仅为生物防治赢得了空前的声誉，也为有计划地大规模开展生防工作奠定了基础。此后许多国家天敌引种成功的实例不断增加。1945 年以后，由于合成有机杀虫剂的广泛使用，生物防治工作一度削弱。但随着人们对有害生物综合治理认识的提高，生物防治工作重新受到了重视，并有了进一步的发展[62]。在蚧虫的生物防治中还有很多成功的例子，如利用蚧虫的寄生蜂对其进行防治，20 世纪 40 年代末，红蜡蚧扁角跳小蜂由于偶然引进日本，使得当时柑橘生产的主要害虫红蜡蚧受到控制，降为次要害虫而不再需要药剂防治。其他蚧虫如柑橘粉蚧和盾蚧上也都有利用寄生蜂来对其控制的相关报道[63]。

寄主植物—植食性昆虫—天敌昆虫三营养层次的互作关系及其化学信息素联系是近年来昆虫化学生态学和害虫综合防治研究的前沿领域，也是当前国际昆虫学界最活跃的研究领域之一。植物在与昆虫长期相互

作用、共同进化过程中产生了一系列防御反应，当植物受到昆虫侵害时释放出对天敌昆虫具有招引作用的挥发性次生物质，从而招引天敌前来对害虫进行捕食或寄生，以控制害虫种群数量。这是植物、植食性昆虫及其天敌相互协同进化的一个很好例证。自 1981 年 Price 认为植物对害虫与天敌昆虫之间的关系有重大影响的文章发表后[64]，关于三营养层次的互作关系方面开展了一系列的研究。1987 年，Nadel 等[65]研究发现，被木薯绵粉蚧 *Phenacoccus manihoti* Matile-Ferrero 为害的木薯叶片对木薯绵粉蚧的天敌——劳氏跳小蜂 *Apoanagyrus lopezi* 有很强的招引作用。1991 年，Turlings 等[66]发现玉米苗在受到甜菜夜蛾 *Spodoptera exigua* 的取食后，对寄生蜂 *Cotesia marginiventris* 具更强的引诱作用。随后，更多的研究表明(Vet L E M, *et al*, 1992；Reed H C, *et al*, 1995；Ngi Song A J, *et al*, 1996；娄永根等, 1996、1997；Takeshi Shimoda, *et al*, 1997；Sμllivan B T, *et al*, 1997)，寄主植物在受到植食性昆虫的攻击后释放出的挥发性物质与未受害植物有所不同，这些物质可以作为天敌昆虫识别和跟踪害虫的化学信号，对天敌实施有效定位有很重要的意义[67~74]。

研究表明植物挥发性物质是一类组成复杂的混合物，其成分是一些分子量在 100~200 的有机化学物质，包括烃类、醇类、醛类、酯类、有机酸、含氮化合物以及有机硫化物等[75]。植物受到机械损伤或植食性昆虫取食危害后，其释放的挥发物无论在种类还是在含量上都会发生明显的变化。虫害诱导的植物挥发物主要组分有萜类化合物、绿叶性气味、含氮化合物以及其他化学物质 4 大类。萜类化合物大多是单萜、倍半萜及其衍生物。天敌昆虫以此作为化学信号，对天敌进行定位。依靠这些特殊的化学信息，天敌能够在广大而复杂的生境中寻找到受害植物及其害虫，由此实现了植物间接防御害虫的目的。

据统计，目前已经在近 20 种植物上开展了与有关害虫及其天敌间三营养层次的化学信息联系的研究[76~84]，这无疑为更好地利用天敌昆虫开展生物防治提供了新的思路。已有的关于寄主植物—植食性昆虫—天敌昆虫三营养层次的信息素联系方面的研究多集中在黄瓜、玉米、山楂、茶树、甘蓝、棉花、苹果等植物与蚜虫、叶螨、夜蛾、尺蠖、金龟子等害虫及其天敌上。上述研究对象主要是咀嚼式口器的食叶性害虫，对刺吸式害虫研究不多，特别是对蚧虫这样的以固定方式取食且分泌大量蜡质类群的研究极少，仅有个别的报道，如：Nadel 和 Van Alphen[65]证实劳氏跳小蜂的雌蜂能够被木薯绵粉蚧危害的木薯植株吸引，但不能被健康木薯植株吸引。据 Le Rü 等[85]报道，木薯绵粉蚧诱导木薯系统释放的挥发物是吸引有经验的怀卵的雌性光瓢虫 Exochomus flavientris 寻找猎物定位的主要气味源。谢映平等[86]曾发现了受绵粉蚧 Phenacoccus azaleae 危害的花椒枝叶对天敌昆虫异色瓢虫 Leis axyridis Pallas 的成虫具有引诱作用。但是利用天敌昆虫防治蚧虫往往存在有跟踪滞后和在林间种群不稳定现象，常常是蚧虫已发生较长时间并造成很大危害后，天敌昆虫才能迁移到林地，逐渐增加种群数量，因此，不能对其进行及时有效的控制。

茉莉酸(jasmonic acid，JA)和茉莉酸甲酯(Methyl jasmonate，MeJA)在自然界广泛存在，在植物中起激素和信号传递作用[87~88]。已有研究表明，无论是天然还是外源茉莉酸或茉莉酸甲酯，都对植物有抑制生长、诱导抗逆、促进衰老等许多生理功能[89~90]。目前已经发现20多种茉莉酸(JAs)，其中以茉莉酸和茉莉酸甲酯(MeJA)为主要代表。茉莉酸和茉莉酸甲酯具有环戊烷酮基本结构，合成途径起始于亚麻酸和一些中间代谢产物。研究表明 α-亚麻酸从植物细胞膜上释放后，在质体中经脂氧合酶途径氧化为13(S)-氢过氧-亚麻酸，之后在丙二烯氧化合成酶(AOS)和环化酶(AOC)的催化下生成12-氧-植物二烯酸(12-OPDA)进入细胞质中，经12-氧-植物二烯酸还原酶(OPR)作用，在进入过氧化物体中经3次β氧化形成茉莉酸，之后在茉莉酸羧基甲基转移酶(JMT)的作用下生成挥发性化合物茉莉酸甲酯[91~92]。

1992年 Greelman[93]首次发现茉莉酸是一种具有信号分子功能的植物激素，当大豆胚轴组织受到机械损伤后，体内的 JA 和 MeJA 水平增高，当用 MeJA 处理大豆悬浮细胞，增加了与损伤反应相关的3种蛋白基因 mRNA 的水平。Farmer 和 Ryan[94]报道了 JA 和 MeJA 能够诱导植物的抗虫性，引起化学生态和害虫生物防治领域的极大关注，形成最近10年的研究热点。茉莉酸和茉莉酸甲酯对于植食动物没有直接作用，Avdiushko[95]将其加入粉纹夜蛾 Trichoplusia ni 和烟草天蛾幼虫 Manduca sexta 的饲料中，发现对幼虫的生长没有影响。而茉莉酸应用到植物上可以诱导植物次生代谢物质和抗性的产生，表明它的抗虫作用不是直接的毒杀而是诱导寄主植物发生改变。

当采用 JA 和 MeJA 作为外源信号分子处理植物，能激发防御基因的表达，诱导植物的化学防御，表现在两方面：

(1)直接防御反应，即植物受 JA 和 MeJA 刺激后，体内产生对害虫有毒的物质[96~97]，抗营养和抗消化的酶类，如多酚氧化酶和蛋白酶抑制剂的含量增加[94,98]。多酚氧化酶是抗营养蛋白，与酚类混合，导致醌将食物中的必需氨基酸烷基化，使昆虫不能利用其营养[94,99]。蛋白酶抑制剂削弱了消化酶对食物中蛋白质的消化作用，形成昆虫消化障碍，抑制生长发育，增加死亡率，起到抗虫作用；也能产生对害虫有驱避和妨碍其行为的化合物，干扰昆虫的行为。Kessler 和 Baldwin[100]应用外源茉莉酸甲酯处理烟草，诱导烟草对番茄天蛾的抗性，结果表明，当每株烟草用茉莉酸甲酯诱导后，挥发出大量的有机化合物，这些化合物对番茄天蛾成虫产卵有极强的驱避作用。

(2)间接防御反应，即 JA 和 MeJA 外源处理植物，可以诱导植物产生挥发性化合物，对害虫的天敌昆虫具有引诱作用，增加对害虫的捕食和寄生效果，促进生物防治。Mumm[101]发现松叶蜂产卵后的欧洲赤松小枝释放的气味比模仿叶蜂产卵进行机械损伤处理所释放的气味更吸引卵寄生蜂，用茉莉酸处理的小枝对寄生蜂也有明显的吸引作用。用顶空抽样分析发现，产卵小枝和茉莉酸处理的小枝上的挥发物 β-法尼烯含量明显增加，而且茉莉酸处理还明显增加了防御挥发物萜类组分的含量。Van Poecke 和 Dicke[102]应用外源茉莉酸处理拟南芥 Arabidopsis thaliana，诱导产生挥发性有机化合物吸引菜青虫 Pieris rapae 的寄生性天敌微红绒茧蜂 Cotesia rubecule，结果表明在诱导处理植株上的天敌数量显著多于未处理的对照；Kessler 和 Baldwin[100]应用外源茉莉酸甲酯处理烟草，诱导其产生挥发性有机化合物吸引淡色大眼长蝽来捕食烟草天蛾的卵块，结果表明，在植株上天蛾卵块数量相同的条件下，在茉莉酸甲酯处理诱导后，处理烟草上卵块被捕食率是对照的 13 倍。截至目前，国外研究主要在实验室条件下应用拟南芥、烟草、西红柿和大豆进行，其研究结果对指导大田作物和林木果树上的害虫生物防治有相当距离。我国的研究很晚，2004 开始吕要斌等[103]用 JA 处理甘蓝，研究诱导反应对菜蛾寄生蜂行为的影响。娄永根等[104]用 JA 处理水稻的 6 个品种，发现挥发物对稻飞虱天敌缨小蜂的吸引具有差异。桂连友[105]对外源茉莉酸诱导茶树抗虫作用的诱导机理的研究。高海波等[106]发现用茉莉酸甲酯对合作杨植株萜烯类挥发物的释放具有明显的促进作用，结合防御性酶活性的测定表明茉莉酸信号转导途径在诱导合作杨间接和直接防御能力的过程中起着关键作用。沈应柏等[107]研究合作杨对虫害和茉莉酸类物质等防御信号的响应。另有桂连友等[108]和徐伟等[109]对国外文献的综述报道。

上述分析看出，这方面的研究在国外时间不长，在国内刚刚起步，已经展现出极其诱人的前景。使我们认识到，在害虫与寄主植物和天敌之间的信息联系和食物链关系中，可以插入外源 MeJA 作为信号分子，调控植物对害虫的诱导抗性，在害虫生物防治上具非常重要的意义。但目前研究涉及的植物和虫害类群还太少，研究最多的植物是烟草、西红柿、拟南芥、甘蓝和水稻，对林木涉及很少；研究多在室内环境培养的植物幼苗上进行，与多年生林木在野外的生态环境结合很少；害虫种类主要为咀嚼式口器，对刺吸式害虫研究极少；研究集中在一个虫态和一个时期，缺乏连续动态的研究。

四、本研究的内容、目的和意义

本研究分为两部分：

一是通过大范围采集和野外定点观察蚧虫生物学特性，使用定期采样，实验室显微观察、光学显微制片、石蜡切片、扫描电镜等技术完成以下研究：

（1）研究蚧科 Coccidae、粉蚧科 Pseudococcidae、珠蚧科 Margarodidae、毡蚧科 Eriococcidae 和胭脂蚧科 Dactylopiidae 5 科 10 属 11 种蚧虫的蜡泌物和泌蜡腺体的超微结构特征及功能。

（2）突出分布我国蚧虫的代表性属种，重点研究其雌雄性别之间和不同发育龄期虫体的泌蜡机制、泌蜡过程、蜡壳的形成。由此掌握蚧虫蜡泌物的共同特点和它们在属种之间、雌雄两性之间和不同发育阶段的变化规律。

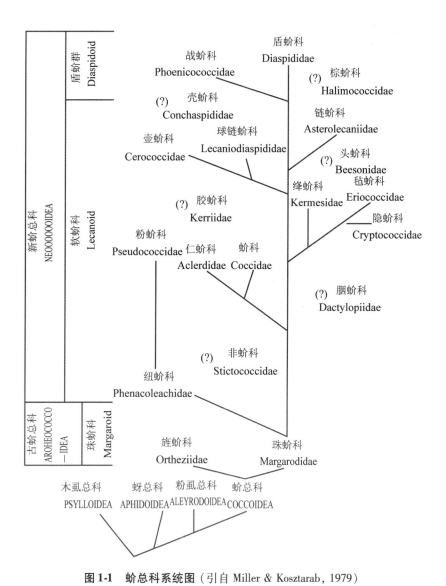

图1-1 蚧总科系统图（引自 Miller & Kosztarab, 1979）

Fig. 1-1 Phylogram of scale families in Coccoidea（From Miller & Kosztarab, 1979）

（3）选取具有代表性的虫种深入研究其腺体种类和分布、体壁构造、腺体复合细胞的组成。在此基础上，分析泌蜡腺体和体壁构造在蜡质的形成、代谢和分泌过程中的功能。通过以上对蚧虫泌蜡腺体、蜡泌物特性以及泌蜡机制的深入研究，掌握不同阶段、性别、种属间的统一性和差异性，不仅为蚧虫的系统学和分类学提供新的基础，而且对深入认识蚧虫的生理代谢、生化反应、生长发育、细胞遗传、系统进化、科学防治诸方面都有重要的理论意义和应用价值。同时也为针对性地开展防治提供依据。

二是以北方地区严重危害柿树的日本龟蜡蚧作为目标害虫，在山西省临猗县选择了健康的和日本龟蜡蚧连年危害的柿树林作为试验地，通过林间使用实时顶空气体收集装置、实验室采用溶剂洗脱 GC/MS 分析和 TCT-GC/MS 联用仪两种分析方法来研究外源信号分子茉莉酸甲酯（MeJA）和日本龟蜡蚧诱导柿树挥发性物质的变化规律，以及使用"Y"型嗅觉仪来测试它对优势捕食性天敌昆虫红点唇瓢虫 *Chilocorus kuwanae* Silvestri 的招引作用。研究不同季节，不同剂量的 MeJA 处理柿树，以及处理后不同时间的树体挥发物的化学成分变化和释放规律，与蚧虫危害相对照，分析外源诱导后引诱天敌的活性物质增加效应和促进天敌昆虫捕食的效应，以期掌握日本龟蜡蚧、柿树和天敌昆虫之间的化学信息联系，确定外源激素 MeJA 对增强柿树诱导防御蚧虫的作用。并通过林间试验来验证茉莉酸甲酯对于增加林间瓢虫的种群密度方面的作用。对引诱天敌的有效组分进行筛选。筛选出外源诱导方式和季节的最佳配合，在蚧虫发生初期的林地，人工调控和改变树木挥发物的化学成分和释放节律，增强对天敌昆虫的吸引，使天敌提前进入，解决天敌对蚧虫跟踪滞后和种群不稳定的问题，提高对蚧虫的捕食效率。从而有利于进一步揭示寄主—蚧虫—天敌这三者之间化学信息的相互关系，探索出蚧虫生物防治的新方法和如何提高植物抗虫性的新途径，这对于持续控制蚧虫将具有重要的理论意义和实践意义。

第2篇
蚧虫泌蜡腺体的发育和蜡泌物的超微结构与功能

I 材料与方法

一、蚧虫的采集

采集范围：为完成本项研究，试验标本和材料采集由两部分完成。

（1）大范围采集：为了获得分布在不同地区的虫种材料。采集地点包括了山西太原、运城，上海，南京，福建泉州，广州，云南思茅等地。

（2）定点连续多次采集：以便观察、获得部分种类的不同虫态材料。定点采集的地点为山西太原和运城，根据各点观察的虫种，定期多次连续采集。

采集方法：用枝剪将蚧虫连同寄生的枝条一起剪下，分别放入标本盒内带回实验室处理。每次采集的标本要求数量多，枝条长度适当。

二、玻片标本的制备和虫种鉴定

将野外采集的标本材料带回实验室后，在体视显微镜下观察蚧虫新鲜材料，记录并拍照。选择每种蚧虫的部分个体制成玻片标本，在光学显微镜下观察进行虫种和虫态鉴定。显微玻片制作过程如下[4]：

（1）浸泡：将采集回来的新鲜虫体在6% ~ 10%的氢氧化钾（KOH）或氢氧化钠（NaOH）溶液内浸泡，在烘箱内（30 ~ 60℃）12 ~ 24h，或室温下放置到虫体变软透明为止。

（2）清洗：将泡好的虫体从碱液中取出，置于载玻片上，用蒸馏水清洗2～3次，解剖镜下将虫体从侧面切开，剔除内脏，漂洗数次。保留虫体表皮，作为鉴定材料。

（3）脱水：将漂洗干净的虫体表皮从蒸馏水中取出，依次放入75%、90%、95%、100%的酒精中，逐步脱水。在100%的酒精中要过2次，整个过程约需要30～60min。

（4）染色：将虫体从酒精中取出，置于装有碱性品红的凹面玻璃片内染色，盖上载玻片，放置6～12h，时间依虫体着色情况而定，虫体体壁硬化强度大的染色时间较短，体壁膜质的染色时间相对较长。

（5）褪色：将虫体从染色液中取出，放入装有石碳酸-二甲苯混合液的凹面玻璃片内，使虫体表面的浮色褪去，至虫体着色适当为止。

（6）透明：将虫体移入二甲苯内片刻，使虫体透明。

（7）整姿：将虫体置于载玻片上，以二甲苯保湿，在解剖镜下将虫体展开放平。

（8）封片：将多余的二甲苯用吸水纸吸掉，在虫体上滴1滴加拿大树胶液，轻轻盖上盖玻片，风干，贴标签，即可。

三、蜡腺和蜡泌物超微结构的扫描电镜（SEM）观察

将带虫枝条真空干燥后，在体视显微镜下挑选表面完整无缺的虫体置于样品台上，真空条件下喷金5～7min。扫描电镜观察虫体表面蜡壳和蜡腺并拍摄。扫描电镜型号：JEO. JSM-35C型。加速电压25kV。

四、体壁组织石蜡切片的制备与观察

虫体解剖：将雌成虫背面向上用00#昆虫针固定在蜡盘上，置于体视显微镜下，滴少许0.9%生理盐水，使其浸泡其中，沿虫体的背面中线将上表皮剖开，除去内部组织，仅留下体壁，再用生理盐水清洗干净，浸泡于5%的戊二醛固定液中。

石蜡切片制备：将固定好的蚧虫体壁进行石蜡切片。石蜡切片组织染色参照段续川改订海登汉的铁矾苏木精法[110]，并加以改进。具体步骤如下：

（1）煮蜡：将石蜡融化后进行过滤。

（2）漂洗：将固定的虫体器官材料用2%的磷酸缓冲液漂洗三次。

（3）脱水：经 35%—50%—75%—85%—95%—100% 的乙醇逐级脱水。

（4）渗透：经 35%—50%—75%—85%—95%—100% 的二甲苯溶液间隔 10min，然后 100% 二甲苯：石蜡 = 1：1，放置 50℃的烘箱内，经 12h，再加入纯石蜡 24h。

（5）包埋：在自制的包埋盒中加入少量液状石蜡，待稍微冷却后放入虫体材料。把虫体材料放置成为预设的姿态以便日后切片的方向。待材料在石蜡上固定后，将包埋盒中加满液状石蜡，向上放入自来水中自然冷却。

（6）修块：把蜡块从包埋盒中取出，在蜡台上修整为边长约 5mm 的立方体。

（7）切片：修好的蜡块用切片机切片，切片厚度为 6μm。

（8）展片：把切下的切片用毛笔挑到报纸上，选择理想的切片放到载玻片上，然后再放到展片台上进行展片。

（9）染色封片：二甲苯—1/2 二甲苯 1/2 乙醇—100% 乙醇—100% 乙醇—95% 乙醇—85% 乙醇—75% 乙醇—55% 乙醇—35% 乙醇—蒸馏水—2% 铁矾—蒸馏水洗—0.5% 苏木精—蒸馏水洗—苦味酸—蒸馏水洗—氨水—35% 乙醇—50% 乙醇—75% 乙醇—85% 乙醇—95% 乙醇—100% 乙醇—100% 乙醇—1/2 二甲苯 1/2 酒精—二甲苯。采用液体树胶封片。

切片组织显微观察：在 OLYMPUS 显微镜下观察并利用 Lumenera Corporation 的 INFINITY ANALYZE. Version 4.5 逐层呈象系统进行显微拍照。

五、试验用蚧虫种类

本次研究选择了共 5 科 10 属 11 种具有代表性的蚧虫作为试验材料（表 2-1）。

表2-1 试验用虫种一览表
Table 2-1 The species for the study

科 family	属 genus	虫种 species	虫态 stage	寄主植物 host plant	采集地点 site
蚧科 Coccidae	蜡蚧属 *Ceroplastes* Gray（1828）	日本龟蜡蚧 *Ceroplastes* *japonicus* Green	若虫 雌成虫	柿树 *Diospyros* *kaki*	山西运城
	软蚧属 *Coccus* L. （1758）	褐软蚧 *Coccus hesperidum* Linnaeus	雌成虫	合果芋 *Syngonium* *podophyllum*	山西太原
	副盔蚧属 *Parasaissetia* Takahashi（1955）	柑橘盔蚧 *Parasaissetia* *citricola*（Kuwana）	雌成虫	柑橘 *Citrus reticulata*	上海
	纽棉蚧属 *Takahashia* Ckll.	日本纽棉蚧 *Takahashia* *iaponica*（Cockerell）	雌成虫	红叶李 *Prunus cerasifera*	南京
	伪棉蚧属 *Pseudopulvinaria* Atkinson	锡金伪棉蚧 *Pseudopulvinaria* *sikkimensis* Atkinson	若虫 雌成虫	海桐 *Pittosporum* *tobira*	云南思茅
粉蚧科 Pseudococcidae	绵粉蚧属 *Phenacoccus* Cockerell（1893）	白蜡绵粉蚧 *Phenacoccus* *fraxinus* Tang	若虫 雌成虫 雄蛹 雄成虫	白蜡 *Fraxinus* *chinensis*	山西太原
	粉蚧属 *Pseudococcus* Westwood（1840）	康氏粉蚧 *Pseudococcus* *comstocki*（Kuwana）	若虫 雌成虫	白蜡 *Fraxinus* *chinensis*	山西太原
珠蚧科 Margarodidae	吹绵蚧属 *Icerya* Signoret	澳洲吹绵蚧 *Icerya purchasi* Maskell	若虫 雌成虫 雄成虫	柑橘 *Citrus* *reticulata*	土耳其
		埃及吹绵蚧 *Icerya* *aegyptiaca* （Douglas）	若虫 雌成虫	广玉兰 *Magnclia* *grandiflora*	广东广州
毡蚧科 Eriococcidae	白毡蚧属 *Asiacornococcus* Tang（1995）	柿白毡蚧 *Asiacornococcus* *kaki*（Kuwana）	若虫 雌成虫 雄蛹 雄成虫	柿树 *Diospyros* *kaki*	山西运城
胭脂蚧科 Dactylopiidae	胭脂蚧属 *Dactylopius*	胭脂蚧 *Dactylopiusconfuses* （Cockerell）	若虫 雌成虫 雄蛹	仙人掌 *Opuntia dillenii*	福建泉州

II　研究结果

一、蚧科昆虫的蜡腺及蜡泌物

蚧科是蚧总科 20 科中的第三大科，仅次于盾蚧科 Diaspididae 和粉蚧科 Pseudococcidae。全世界记录约 1088 种，分为 144 属[9]。我国蚧科昆虫已知 39 属 83 种[2]。本次按照汤枋德先生的 4 亚科分类系统中选择了 3 亚科，5 属 5 种进行研究。

（1）蜡蚧亚科 Ceroplastinae，是蚧虫泌蜡量最多的一个类群，在虫体背面能形成固定形状的厚蜡壳，对虫体的保护作用极强，以蜡蚧属 *Ceroplastes* 最具代表性。日本龟蜡蚧 *Ceroplastes japonicus* Green 是危害最严重的一种。

（2）软蚧亚科 Coccinae，是蚧虫种类最多的一个亚科，共包括软蚧族 Coccini（软蚧亚族 Coccina 和坚蚧亚族 Eulecaniina）和棉蚧族 Pulvinariini（棉蚧亚族 Pulvinariina 和纽棉蚧亚族 Takahashiina）。软蚧属 *Coccus* 是软蚧亚族中的一个大属，褐软蚧 *Coccus hesperidum* L. 是本属的模式种。副盔蚧属 *Parasaissetia* 属于坚蚧亚族中的一种，该亚族中已有一些属蜡泌物超微结构的相关报道，但至今没有该属的研究报道，故选择柑橘盔蚧 *Parasaissetia citricola*（Kuwana）以比较研究。棉蚧族最大的特点是雌成虫产卵时分泌卵囊，尤以纽棉蚧亚族形成的卵囊最长，故选择纽棉蚧属 *Takahashia* 的日本纽棉蚧 *Takahashia iaponica* Cockerell 以作研究。

（3）伪棉蚧亚科 Pseudopulvinarinae 为单模亚科，1 属 1 种，伪棉蚧属 *Pseudopulvinaria* 的锡金伪棉蚧 *Pseudopulvinaria sikkimensis* Atkinson，对于该亚科的分类地位一直存有争论，根据汤枋德先生[2] 和 Hodgson[111] 的分类，都将其归为蚧科，选择此种以作研究。

（一）日本龟蜡蚧 *Ceroplastes japonicus* Green

日本龟蜡蚧 *C. japonicus*（英文名：Japanese wax scale）是一个东亚种，Green 在 1921 年将其作为龟蜡蚧 *C. floridensis* 的一个变种首次记述，模式标本采自日本输入英国的日本槭 *Acer japonicum* Thunb 枝条上。直到 1949 年，Borchsenius 将其提升为种。该种分布于日本、朝鲜、菲律宾等东亚国家，在我国南北均有分布。在南方除了危害柑橘、茶等经济林木外，还是上海、杭州、武汉等大城市绿化树木的严重害虫。该虫为多食性，寄主植物多达41科、71属、103种。在我国北方的河北、山东、河南、山西是枣树和柿树的一个普遍而重要的害虫[2]。

【生活史】

日本龟蜡蚧1年发生1代，雌雄异型，雌性为渐变态，经卵、1龄、2龄和3龄若虫发育为成虫；雄性为过渐变态，经卵、1龄和2龄若虫发育到预蛹、蛹、再羽化为成虫。成虫交尾后，雄虫即死去，而雌成虫则孕卵，产卵完毕后也死去，完成一个世代。以受精雌成虫在寄主枝条上越冬。翌年春天，随着树液开始流动，越冬后的雌成虫继续取食，虫体迅速膨大隆起。5月中旬开始产卵，卵产在腹面隆起的空腔内，6月上旬产卵完毕，每雌虫产卵量718~1873粒。6月中旬卵孵化，初孵若虫从母体蜡壳下钻出，借爬行或风力向枝、叶上扩散，寻找适宜位置固定下来，开始取食。初孵若虫体色深红，不被蜡粉，固定取食2天后，背面就分泌出白色蜡粉。8月下旬到9月中旬，日本龟蜡蚧就发育到成虫期，这时雄性若虫经历1龄和2龄若虫后，在蜡壳下完成预蛹和蛹，最后羽化为雄成虫，与雌成虫交配后死亡。受精的雌成虫从叶部爬行，迁移回枝，重新在枝条上固定取食，休眠越冬。翌年春天恢复取食，直到产卵后完成生活史。在发育过程中雌雄虫体形态结构和泌蜡腺体发生了明显变化。

【泌蜡腺体与蜡泌物的特征】

1龄若虫：虫体背面不具腺孔和刺毛，只在背中区表皮稍骨化，形成泌蜡区。腹面胸气门2对，气门路上各具3个或5个五格腺，十字形腺在体亚缘区成一列。

2龄若虫：虫体背面出现二格腺和锥状小刺，空区分布于头区1个，体背两侧各3个。体腹面各气门路上具五格腺7~9个；十字形腺在亚缘区2~3列，其余散生。

3龄雌若虫：虫体背面除二格腺外，出现大量三格腺。体腹面各气门路五格腺约14个；十字腺增多；亚缘区分布一列内管端为线状的管状腺，约50个。

雌成虫：雌性蚧虫进入4龄即为成虫期。体背面腺体有二格腺，三格腺和四格腺，以三格腺最多。另有缘腺分布在亚缘区和背中区。体腹面的五格腺在气门路密集成3~5列；十字腺在亚缘密集成带状，其余部位散生。管状腺内管端由第3龄的丝状变为粗泡状，在亚缘区分布约70个。多格腺在阴门区密集，腹节上呈横行分布，胸节上极零星分布，中足基节附近2~8个，前足基节附近2~3个，前后气门附近各4~6个。

泌蜡特征：日本龟蜡蚧若虫孵化初，体面无明显蜡质，固定取食2~3d后，体背面蜡质呈不完全的6个环，分为前、后两群，一环即占一个体节。随着分泌，蜡环封闭，前后2群相连，呈梯格状，这些蜡质由真皮层的腺体细胞分泌。接着蜡质增多，填充蜡环，在体背增厚。同进，亚缘区出现一圈蜡质，呈大小不等的蜡芒。第1龄末期，虫体大部由蜡质所盖，体背蜡质堆成盔状，周缘蜡芒15个。第2龄若虫在第1龄的蜡壳下继续分泌，使蜡壳发育为星芒状（图2-1）。第1、2龄的蜡质为质地易碎、不含水分的雪白色蜡质，称为"干蜡"（dry wax）。进入第3龄，体背泌出大量软而非结晶的糊状蜡，称为"湿蜡"（wet wax）（图2-2）。从腹面观察，清晰可见气门路上由五格腺分泌的蜡质形成的白色蜡带以及厚厚的背蜡壳（图2-3）。电镜下观察若虫位于虫体两侧的蜡芒，基部宽，端部尖（图2-4）。其明显分为2段，端部一段为锥状，由许多小节构成。靠基部一段由大约10节组成，各节长度近似相

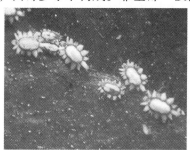 

图 2-1　若虫在叶部危害，蜡壳为星芒状

Fig. 2-1　The young nymphs settled on the leaves of the host plant and with a waxy cover star shaped.

图 2-2　雌成虫在枝条上危害，蜡壳为龟背状

Fig. 2-2　Adult females settled on the twigs of the host plant and the thick waxy test in tortoise shell shape.

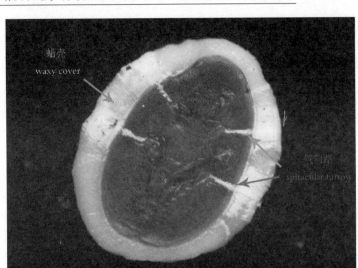

图 2-3　雌成虫腹面观，示胸气门路五格腺分泌的蜡质形成的白色蜡带
Fig. 2-3　An adult female in ventral view, showing the two pairs of white wax bands secreted by the quinquelocular disc-pores along the thorax spiracular furrows.

等，各节均由排列整齐的蜡丝构成，状如竹排。其单根蜡丝粗 1.67 μm（图 2-5）。根据蜡芒基部宽厚，端部锥状的特征，分析认为，蜡芒的形成是伴随着虫体发育和泌蜡部位生长而进行的，具有节律性。到了 3 龄后，湿蜡在体背成盔状，将前二龄的干蜡推向背顶和亚缘区。此时可见，蜡盔顶一干蜡帽，背亚缘干蜡芒由湿蜡包围，仅露芒端，其后，体缘和背亚缘蜡质形成蜡卷（图 2-6）。湿蜡的质地较紧密，成泥石流状（图 2-7）。蜡质是由体背三格腺和四格腺产生的，在泌蜡的同时，还泌出"内蜜露"，二者在腺体外混合而成。蜡质和内蜜露的比例各占 76%和 24%。内蜜露的主要成分是水分（95%），氨基酸和碳水化合物等。三格腺有"品"字形和"川"字形两种，以前者居多。四格腺为"十"字形，数量远小于三格腺（图 2-8）。腹面前后气门路分泌的蜡呈带状分布，放大为丝状结构，卷曲盘旋构成呼吸通道（图 2-9）。它是由气门路上分布的五格腺产生的，腺体为圆形，直径约为 2 μm，中央有一圆孔，

图 2-4　若虫蜡壳背面观（×100），
示体缘的 15 个蜡芒

Fig. 2-4　The waxy testin dorsal view
（×100），showing 15 waxy horns sur-
rounding the body margin.

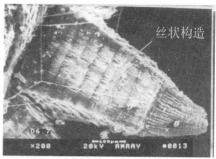

图 2-5　蜡芒放大观（×200），
示蜡质为丝状构造

Fig. 2-5　Thewaxy horn in magnified view
（×200），showing the filamentous wax
conformation.

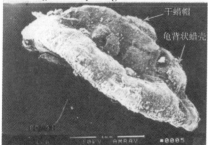

图 2-6　雌成虫蜡壳侧面观（×45），
最顶端为干蜡帽，下部为龟背状蜡壳

Fig. 2-6　The waxy test of the adult fe-
male in lateral view（×45），showing
tortoise shell shape.

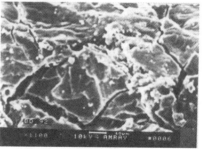

图 2-7　雌成虫蜡壳的湿蜡构造
（×1100）

Fig. 2-7　The structure of the wet wax
on the adult female waxy cover
（×1100）

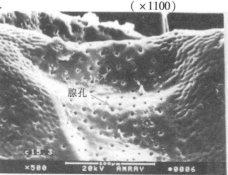

图 2-8　雌成虫背面分布的腺体（×500）

Fig. 2-8　The distribution of the pores over the body dorsal sur-
face of the adult female（×500）

周围的 5 个腺孔按五角星排列，每个腺孔分泌一根蜡丝，直径为 0.7μm（图 2-10）。第 4 龄即为成虫期，它的泌蜡也为湿蜡，使蜡壳更厚，更丰满，周缘蜡卷的蜡带更显著。背面蜡盔呈龟背状，分为 8 个板块，其分布与干蜡芒位置相对应，即：背顶一块，中央顶一干蜡帽；头部一块，具三个蜡芒；尾部一块，上具尾端四个蜡芒；体侧前、后气门凹处干蜡带上各对应一块；体后两侧各一块，各具二蜡芒。蜡质是还由体壁分布的三格腺和四格腺产生的。进入产卵期后，雌成虫边产卵，边分泌蜡质。阴门区的多格腺产生细小的卷曲蜡丝，包在卵粒的周围防止相互粘连。多格腺圆形，直径为 4μm，中央有一圆孔，周围 1 圈 10~14 小孔组成。每个小孔直径 0.5μm，分泌一根蜡丝（图 2-11）。

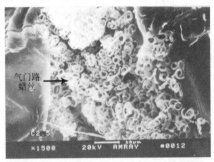

图 2-9　虫体腹面的气门路上堆积的蜡丝（×1500）

Fig. 2-9　The wax filaments densely filled in thespiracular furrows（×1500）

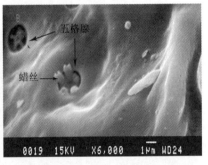

图 2-10　气门路上分布的五格腺，蜡丝正从腺孔中泌出（×6000）

Fig. 2-10　The quinquelocular pores distributed in the spiracular furrows, showing wax filaments secreted from the pores（×6000）

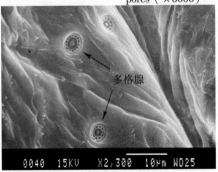

图 2-11　阴门区分布的多格腺（×2300）

Fig. 2-11　The multilocular pores distributed in the vulva region（×2300）

【体壁结构与蜡腺细胞】

在光学显微镜下观察体壁的石蜡切片，可以看到日本龟蜡蚧体壁分为 6 层，由外及内依次为上表皮（epicuticle）、外表皮（exocuticle）、内表皮（endocuticle）、形成层（formation zone）、真皮层（epidermis）和基底膜（basement membrance）。其中上表皮、外表皮、内表皮和形成层组成原表皮（procuticle）（图 2-12）。原表皮较厚，为 6.2～11.2μm。在真皮层中整齐排列一层腺体细胞，细胞呈正方、长方形或囊泡状，长方形的长约 68.9μm，宽约 33.6μm，中央细胞明显，长约 25.2μm，宽约12.6μm，细胞核直径约 4.2μm，囊泡状的长约 18.7～26.2μm，宽约11.3～16.2μm，其下部细胞核染色较深。腺体细胞上方有一个腺管，穿过体壁的内表皮、外表皮和上表皮，使蜡腺开口伸到体壁外表面。蜡腺分泌的蜡质由这个管道被输送到体壁外面形成保护性的蜡壳（图 2-13）。

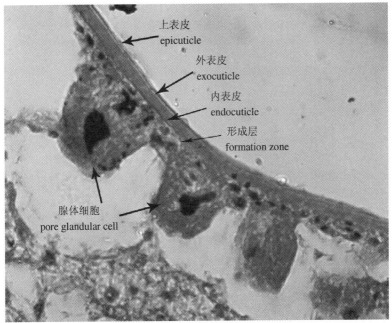

图 2-12　光学显微镜下日本龟蜡蚧雌成虫体壁及腺体（×600）

Fig. 2-12　Micrograph of integument and wax-secreting glands in the female adult of *Ceroplastes japonicus*（×600）

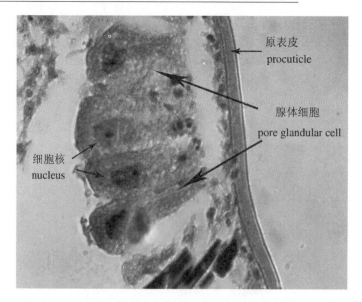

原表皮
procuticle

腺体细胞
pore glandular cell

细胞核
nucleus

图 2-13 光学显微镜下日本龟蜡蚧雌成虫体壁腺体细胞（×600）
Fig. 2-13 Micrograph of pore glandular cells in the female adult of *Ceroplastes japonicus*（×600）

（二）褐软蚧 *Coccus hesperidum* L.

褐软蚧 *Coccus hesperidum* L. 在广东、广西、江苏、浙江、福建、四川及华北、东北等地均有发生，是一种发生于北方温室及南方室外的重要害虫，国外各大洲也广为分布。该蚧食性很杂，已知能危害 49 科 170 余种植物。以若虫和雌成虫在寄主的嫩枝、叶片上或叶脉两侧刺吸汁液，吸收养分。发生严重时，枝、叶上布满虫体，不仅使花木生长缓慢，而且排泄物油状蜜露致使叶片、枝条密布黑霉，煤污病严重[5]。

【生活史】

褐软蚧营孤雌生殖，每年发生代数因地区而不同，3～8 代不等，多世代重叠，被害植株上常同时长有成虫、卵及各龄若虫。以成虫或若虫越冬。每头雌成虫可产卵 70～1000 粒，卵期短，经数小时而孵化，卵胎生。常分泌蜜露，招惹蚂蚁吸食。

【泌蜡腺体与蜡泌物的特征】

年轻雌成虫：虫体表面蜡质很少，形成半透明的薄蜡层，有些背中央有白色小蜡块分布（图2-14），白色蜡块突出体背一定高度，小颗粒状。腹面清晰可见气门路上由五格腺分泌的蜡质形成的白色蜡带（图2-15）。电镜下观察外壳上有许多不规则的蜡片分布（图2-16），白色小蜡块中央部分黑色似中空（图2-17）。背中央白色小蜡块放大到2200倍，

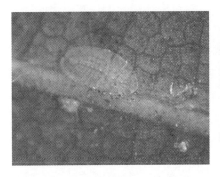

图 2-14　雌成虫背面观，表面分泌的蜡质少形成半透明的薄蜡层，背中央有白色蜡点

Fig. 2-14　The dorsal view of the adult female with very thin wax layer on surface of the body and some white clusters along the middle line of dorsum.

图 2-15　雌成虫腹面观，气门路上的白色蜡带

Fig. 2-15　The ventral view of adult female showing white wax bands along thespiracular furrows.

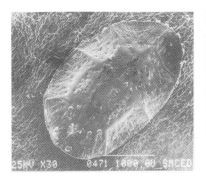

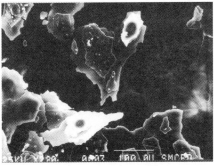

图 2-16　雌成虫背面观（×30），示虫体表面蜡层薄

Fig. 2-16　An adult female dorsal view (×30), showing the dorsal surface with wax thin piece.

图 2-17　雌成虫背面观（×220），示虫体表面白色蜡块

Fig. 2-17　An adult female dorsal view (×220), showing the white wax point.

实际是一个圆柱状结构上面覆盖着一个不规则蜡片。圆柱外表面看到横向条纹（图2-18），这种蜡柱是由腺体分泌的，说明其过程是一层层分泌出来的。它的排列背中成一纵列，其中头部1个，以下成串为8个。此外，在电镜下观察发现体背面蜡层是由许多不连续的蜡片层层叠加构成的。每个大的蜡片上有许多小蜡片，而每个小蜡片上还有更小的蜡片分布，以此类推一层套一层。根据其形状可知这些蜡片原本是连在一起的，随着虫体日益长大，原本一体的蜡片断裂成不规则的形状，被新分泌出的一层蜡向上推起。体缘蜡片近似长方形，背中部的为块状（图2-19）。这种蜡片在腹部末端和肛板上也存在（图2-20）。虫体腹面清晰可见气门路上堆积的丝状蜡质（图2-21），位于气门路上的五格腺，1~2列共20个，每个腺孔分泌一根蜡丝，直径为0.7μm，分泌出的蜡丝在腺孔外断裂成弯曲的小截（图2-22）。观察到气门刺上环绕着密集的蜡丝，排列规则（图2-23）。说明气门刺上也分布着泌蜡腺体参与泌蜡活动。多格腺出现在阴门区，其他特征同2龄若虫。

在电镜下观察老熟成虫的体壁，背面蜡层少了许多，硬化为龟背状表皮。分布有块状凸起，860倍下观察表皮的块状突起上有白色粉状蜡质（图2-24），放大到6000倍时可见蜡为小颗粒状，这是由体壁上更小的孔分泌生成的（图2-25）。肛板两块，三角形，合为方形，每块肛板

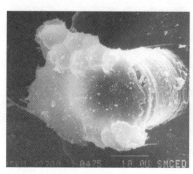

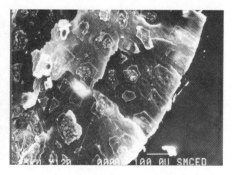

图2-18　白色蜡块放大观（×2200），示柱状结构

Fig. 2-18　Magnifiedview of the white wax point（×2200），showing a column structure.

图2-19　雌成虫背面放大观（×120），示表面蜡质为不规则的片状

Fig. 2-19　Magnifiedview of the dorsum （×120），showing wax pieces in amorphous and different size.

下端有白色蜡质露出（图 2-26）。放大观，其为卷曲的蜡丝（图 2-27）。
雌成虫分泌的蜡量大，气门刺为蜡丝状结构，将气门包裹成喇叭形（图
2-28）。在新孵化出的若虫体表也观察到有短小的蜡丝附着，如图 2-29
显示，1 头新孵化的若虫从雌成虫的身下探出头部准备扩散。这些蜡丝
其实是由产卵雌成虫阴门区的多格腺分泌产生的，当若虫从卵壳中孵化
出来向外扩散时，附着了那些蜡丝。

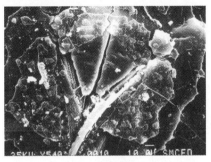

图 2-20　雌成虫背面腹部末端放大观（×540），示肛板区和片状蜡层
Fig. 2-20　Lastsegment dorsalview of the adult female（×540），showing the wax pieces over the anal plate and body surface

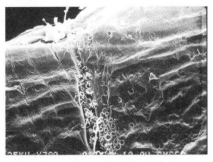

图 2-21　气门路上蜡丝卷曲堆积（×700），体缘具气门刺
Fig. 2-21　The wax filaments filed over thespiracular furrow and the margin of the body with stigmatic setae（×700）

图 2-22　气门路上五格腺分泌的丝状蜡，每孔分泌一根蜡丝在腺孔外断裂成半圆形（×4000）
Fig. 2-22　The wax filaments secreted through the quinquelocular pores over thespiracular furrow. Each wax filament was secreted from one locular pore and broken into smaller or shorter filaments in semicircle（×4000）

图 2-23　气门刺放大观（×1800），示分泌的白色蜡丝整齐排列
Fig. 2-23　Magnifiedview of the stigmatic setae（×1800），showing the wax filaments arranged regularly

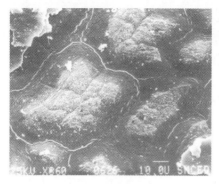

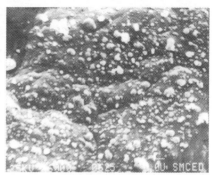

图 2-24 老熟雌成虫背面表皮的块状凸起（×860），示粉状蜡质

Fig. 2-24 Bulge dorsal view of the older adult female （×860）, showing wax powder

图 2-25 老熟雌成虫表皮凸起上分泌的粉状蜡质放大观（×6000）

Fig. 2-25 Magnifiedview of the wax powder in the bulge of dorsum（×6000）

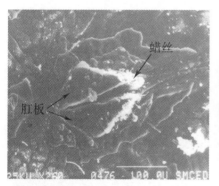

蜡丝

肛板

图 2-26 肛板放大观（×260），示附着的蜡

Fig. 2-26 Magnified view of the anal plant（×260）, showing attached wax.

图 2-27 肛板上附着的蜡放大观（×1300），示丝状结构

Fig. 2-27 Magnifiedview of attached wax in the anal plank（×1300）, showing filamentous structure.

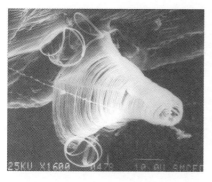 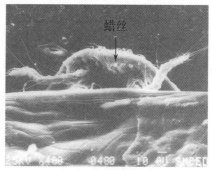

图2-28　气门刺放大观（×1600），示蜡丝喇叭形

Fig. 2-28　Magnifiedview of the stigmatic setae（×1600），showing the bugle size.

图2-29　刚孵出的若虫放大观（×480），示头部的蜡丝

Fig. 2-29　Magnifiedview of the nymph（×480），showing the wax filaments in the head.

（三）柑橘盔蚧 *Parasaissetia citricola*（Kuwana）

柑橘盔蚧 *Parasaissetia citricola*（Kuwana）雌体椭圆，略突。分布于江浙一带，寄主为柑橘[4]。

【生活史】

柑橘盔蚧1年发生多代，世代重叠。寄生在叶片和枝条上，营孤雌生殖。危害严重时，树势衰弱，枝条枯萎，甚至整株枯死。

【泌蜡腺体与蜡泌物的特征】

老熟虫体成球形，死后虫体黄褐色或黑褐色，具光泽，直径2～5mm，形如钢盔。体背分泌的蜡质较少，形成半透明的薄蜡壳，在虫体的体缘还有一圈毛状蜡丝分布（图2-30）。电镜下观察体表背蜡为不规则的片状（图2-31），放大到1500倍，可见蜡片为层状结构，说明这些蜡质是腺体不断泌蜡，层层堆积构成的（图2-32）。与这些蜡片对应的是虫体背部多角形密集网状。每个多角形斑纹中央有一小管腺开口，从内壁观察是直径为4μm的圆孔，中央的小管直径2μm，向内伸出，顶端略大（图2-33）。体背分层的薄蜡片就是由多角形斑纹内的小管分泌产生的。腹面气门路由五格腺组成，多为单行，部分为双行，分泌产生的丝状蜡堆积在气门路上，直径0.8μm（图2-34）。管腺在亚缘区聚集成带，管腺在腹面的开口排列整齐，为直径7μm的圆孔，孔径向内逐

图 2-30　雌成虫背面观，表面形成半透明的
薄蜡层和体缘一圈的蜡丝
Fig. 2-30　The dorsal view of the adult female with thin wax layer on
surface of the body and wax filaments along the margin

图 2-31　雌成虫背面蜡片的放大观
（×1000），示不规则的片状结构
Fig. 2-31　Magnifiedview of the dor-
sum （×1000）, showing wax pieces
in amorphous size.

图 2-32　蜡片边缘的放大观
（×1500），示蜡质从腺孔分泌形
成堆积层
Fig. 2-32　Magnifiedview of margin
of wax pieces （×1500）, showing
wax accumulation zone secreted by
pores.

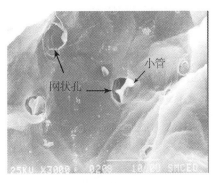

图 2-33 体壁内表面看到多角形斑纹的分布(×3000)，示伸出的小管

Fig. 2-33 The dorsal view of thepolygon dapple of adult female（×3000），showing protuberant small tube

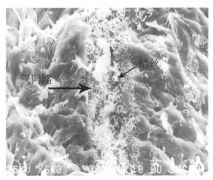

图 2-34 气门路上堆积卷曲的蜡丝（×600）

Fig. 2-34 The wax filaments filed over thespiracular furrow（×600）

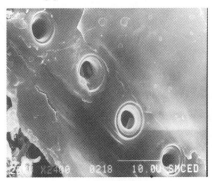

图 2-35 体壁上管腺的开口（×2400）

Fig. 2-35 The dorsal view of the opens of tubular duct glands（×2400）

图 2-36 管腺放大观（×4800），端膨大

Fig. 2-36 Magnifiedview of the tubular duct gland with a large top（×4800）

渐收缩(图 2-35)。将体壁翻转可见其内部的延伸结构，长度为 18μm，直径 3μm 的直管，顶端膨大，中空结构(图 2-36)。多格腺在腹面，多数在阴门区密集。

(四)日本纽棉蚧 *Takahashia japonica* Cockerell

日本纽棉蚧 *T. japonica* Cockerell 分布在日本、朝鲜和中国，主要寄主为天竺葵、合欢、三角枫、重阳木、枫香、刺槐、山核桃、榆、朴、桑树等。以若虫和雌成虫在寄主枝上吸取汁液，尤其在嫩枝上危害严重，使开花程度和生长势明显下降，直至枝梢枯死[2]。

【生活史】

1年发生一代，以受精雌成虫在枝条上越冬。越冬期虫体较小且生长缓慢。3月初开始活动，生长迅速，3月下旬虫体膨大，4月上旬雌成虫开始产卵，腹部慢慢产生白色卵囊，向后延伸，随着卵量增加卵囊向上弓起，逐渐形成扭曲的"U"形（图2-37）。平均每头雌成虫可产卵1000粒，多的可达1600多粒。5月上旬若虫开始孵化，5月中旬进入孵化盛期。卵期为36天左右。孵化的小若虫在植物上四处爬行，数小时后寻觅适合的叶片或枝条固定取食。5月下旬为孵化末期。若虫主要寄生在2～3年生枝条和叶脉上。叶脉上的2龄若虫很快便转移到枝条上寄生。1龄若虫自然死亡率很高，孵化期遇大雨可冲刷掉80%以上若虫。11月下旬、12月上旬进入越冬期。

【泌蜡腺体与蜡泌物的特征】

雌成虫：老熟产卵时腹部产生白色"U"形卵囊，产卵后虫体变为干尸。卵囊长45～50mm，宽3mm左右。体背毛，小杯状管腺密集分布。

虫体

图2-37　日本纽绵蚧雌成虫及长卵囊

Fig. 2-37　Adult female of *Takahashia japonica*（Cockerell）with a very long white ovisac behind the body

背腹体壁柔软，膜质。大杯状管腺成亚缘带，小杯状管腺在中区密集。只有在产卵时杯状管腺才开始分泌蜡质，产生直径为 3μm 很长的圆形蜡条，纵向排列构成卵囊的主体结构，同一平面上蜡条之间距离大约 35μm（图 2-38）。此外蜡条上还黏附着弧形蜡丝片段共同构成卵囊，边缘向内卷曲，直径 1.5μm，长度 10μm 左右（图 2-39）。这种构造比单纯的并排蜡条机械强度会高许多，能够对卵囊内的虫体起到很好的保护作用。虫体背面有 2~5 格圆盘腺体，散布背面，由它们分泌的短蜡丝覆盖体表，直径 2.2μm（图 2-40）。卵囊内的还未孵出的若虫身上散布着弧形蜡丝片段，可以确保它们之间不会粘连在一起（图 4-41）。

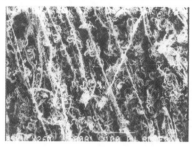

图 2-38　雌成虫卵囊放大观（×260），示蜡条平行排列
Fig. 2-38　Magnified view of ovisac (×260), showing parallel wax bars arrangement

图 2-39　构成卵囊的蜡条放大观（×2000），示黏附的短蜡丝
Fig. 2-39　Magnified view of wax bars composed of ovisac (×2000), showing adhered small wax filaments

图 2-40　雌成虫体表的蜡丝（×860）
Fig. 2-40　The wax filaments dorsal view of adult female (×860)

图 2-41　卵囊内若虫放大观（×540），示虫体身上的蜡丝
Fig. 2-41　Magnified view of a nymph (×540), showing wax filaments on the body

（五）锡金伪棉蚧 *Pseudopulvinaria sikkimensis* Atkinson

锡金伪棉蚧在我国分布于云南，寄主为栎类如银栎、栓皮栎、滇青栎和栗类如印度栗树、小角栗树[2]。本实验雌成虫标本采自云南思茅一阔叶植物上。

【生活史】

5 月为雌成虫产卵期。卵产于母体腹面，很好地被卵囊保护。孵化后，若虫爬出扩散到枝条和叶片上。越冬前雄成虫羽化，交配后死亡。雌成虫受精后进入冬季，来年春季出蛰，继续取食发育，产卵后死亡完成生活史。虫体在枝条上固着，背面以厚的白色蜡囊包被，蜡被短绒毛状。腹面也有厚的蜡层，与虫体腹面明显分开，因此虫体实际隐藏在一个蜡包中。

【泌蜡腺体与蜡泌物的特征】

1 龄若虫背腺只有简单腺体，为中央暗色的一个点，分布不定。每个气门开口处具五格腺 1 个，再无其他腺体。

2 龄雄若虫背板膜质，背腺 2 种类型，具强骨化框的五格腺为主要腺体，沿各体节成横带分布，在背中线上成空区，另一种为小的单孔腺，少见。在第 4 腹节背面分布 2 群管状腺，每群 5～7 个。气门路不显，也无五格腺，仅在各气门开口处有 1 个。微管腺存在，相当稀少。管腺少，在腹部中央缺。2 龄雌若虫与雄性相似仅个头稍小。在腹部第 4 节背面无管状腺。其余特征与雄性相同。

3 龄雌若虫背板表皮膜质，背腺 2 种类型，以五格腺占绝大多数，分布丰富，在背中线缺。小型的单孔腺散布，少。腹面表皮膜质，无阴门区多格腺，气门大小正常，靠近体缘。气门路五格腺仅有 1 个，靠近气门开口处 1～3 个。微管腺很少，在触角见成群，在胸节成横排。管腺在缘区成细带状分布。

雌成虫虫体年轻时体背膜质，仅肛板附近略硬化。老熟时体表略硬化，背中区有硬化点。背面密布厚框五格腺，是本种的最显著特征。体腹面具多格腺，分布于阴门附近，杯状腺散布整个腹面，同时有"8"字形腺，腹面边缘也有五格腺成带。气门大，气门口无盘腺，无气门腺路。雌成虫蜡囊为阔椭圆形，背面鼓起，像面包形状，长度为 1.5cm。蜡泌物在虫体边缘厚而密，在背面薄或背中区将红褐色虫体暴露（图 2-

42）。放大观察蜡质为实心丝状结构，直径 1.7μm（图 2-43）。这些蜡丝均由虫体背面的五格腺分泌，图 2-44 显示从体壁内部观察到的腺体。虫体背面全部分布着五格腺，是该蚧虫的最大特点（图 2-45）。

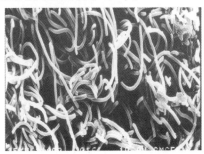

图 2-42　锡金伪棉蚧雌成虫虫体背腹面均被厚蜡壳，中央蜡层薄，周缘厚

Fig. 2-42　Adult female of *Pseudopulvinaria sikkimensis* Atkinson, showing thick wax layer covering the body, very thick and dense at the submarginal area, but more thin wax layer on the central area of dorsum

图 2-43　蜡壳放大观（×1000），示丝状结构

Fig. 2-43　Magnified view of thick wax layer(×1000), showing wax filament structure

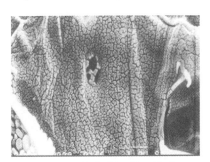

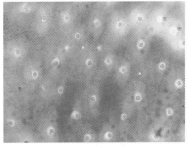

图 2-44　虫体背面的五格腺（×10000）

Fig. 2-44　A quinquelocular pore dorsal view of adult female (×10000)

图 2-45　虫体背面分布的五格腺的显微照片（×600）

Fig. 2-45　Microscopic photo of quinquelocular pores distributed on the dorsum (×600)

蚧科昆虫蜡泌物小结

（1）日本龟蜡蚧蜡泌物的形态变化跟蚧虫的发育龄期相关，第 1、2 龄的蜡质为"干蜡"，是质地易碎、不含水分的雪白色蜡质，蜡壳为星芒状，蜡芒的形成具有节律性；进入第 3 龄，体背开始泌出"湿蜡"，是由三格腺和四格腺产生的大量软而非结晶的糊状蜡，到了成虫期，它的泌蜡还是为湿蜡，蜡壳更厚且丰满，背面蜡盔呈龟背状。

（2）褐软蚧虫体表面蜡质很少，形成半透明的薄蜡层，背中央有白色小蜡块分布，实际由一个层层分泌出来的蜡柱上面覆盖着一个不规则蜡片组成。虫体背面蜡层是由许多不连续的蜡片层层叠加构成的。气门刺上也分布着泌蜡腺体，由此产生的蜡丝环绕其上。同为软蚧族 Coccini 的柑橘盔蚧体表的蜡质也较少，同样形成半透明的薄蜡壳，在虫体的体缘还有一圈毛状蜡丝分布。电镜下观察体表背蜡为蜡质层层堆积形成的不规则的片状结构。此外老熟褐软蚧体壁也可分泌蜡质，为小颗粒状。

（3）日本纽棉蚧雌成虫体表密集分布的管腺在产卵时开始分泌较长的圆形蜡条，纵向排列，与黏附着的弧形蜡丝片段共同构成卵囊。

（4）在日本龟蜡蚧、褐软蚧和柑橘盔蚧中，腹面气门路上分布的五格腺均分泌丝状结构的蜡，带状分布在气门路上，卷曲盘旋构成呼吸通道。阴门区的多格腺分泌细小的蜡丝，包在卵粒的周围防止相互粘连。锡金伪棉蚧的多格腺同样分布于阴门区，不同的是虫体背面全部分布着五格腺，分泌实心丝状结构的蜡构成蜡壳。

二、粉蚧科昆虫的蜡腺及蜡泌物

粉蚧科是蚧总科的第二大科，因其体面常被白色蜡质粉粒故称为粉蚧。其种类繁多，已知有 249 属 1690 种，其中有很多是热带和亚热带地区经济作物的重要害虫[47]。选择两个大属即绵粉蚧属 Phenacoccus 和粉蚧属 Pseudococcus 中的具有代表性的白蜡绵粉蚧 Phenacoccus fraxinus Tang 和康氏粉蚧 Pseudococcus comstocki（Kuwana）以作研究。

（一）白蜡绵粉蚧 Phenacoccus fraxinus Tang

白蜡绵粉蚧 Phenacoccus fraxinus Tang 是汤枋德先生 1977 年在山西省白蜡树上发现的新种，现知其分布于太原、太谷、北京、河南、河北等地，严重危害绿化树木白蜡、臭檀、水曲柳等，虫口密度常特别大，特别在城市环境中受害树常被霉污菌感染，体表灰黑，树势极度衰弱[47]。

【生活史】

白蜡绵粉蚧 1 年发生 1 代，雌雄异型，雌性为渐变态，经卵、1 龄、2 龄和 3 龄若虫发育为成虫；雄性为过渐变态，经卵、1 龄和 2 龄若虫发育到预蛹、蛹、再羽化为成虫。成虫交尾后，雄虫即死去，而雌成虫则孕卵，产卵完毕后也死去，完成一个世代。该蚧是以 2 龄末期若虫在树皮缝、枝下、芽鳞间结白色蜡茧进入越冬。虫口密度大的时候，白茧聚集成堆或布满整个树干。结茧后雌，雄分化，雌若虫在茧内蜕皮 1 次，进入第 3 龄期。雄若虫蜕皮后进入预蛹，在翌年春季 3 月发育为蛹。雄蛹于 3 月下旬～4 月上旬脱去最后一次皮，羽化为雄成虫。3 月下旬越冬雌若虫陆续出茧，向枝梢、芽鳞上扩散。4 月随着树木发芽，雌性若虫取食后再蜕皮 1 次，进入成虫期。从雌若虫春季出蛰到产卵前它的取食量都很大，伴随着取食，从肛门排泄大量蜜露，使枝叶沾湿，招惹霉菌寄生，形成霉污，是危害高峰期。雄成虫直到雌性进入成虫期，于 4 月下旬～5 月上旬从茧内钻出，寻找雌成虫交配，交尾后死去。雌性交配后继续取食，并孕卵。于 5 月初，爬到叶片背面和枝条上准备产卵。不久从背面开始分泌蜡质形成卵囊，细长，白色。随着卵囊的不断增大，雌成虫开始产卵，边分泌卵囊，边产卵。产卵过程中，虫体从尾部向前萎缩，当产卵完毕后，雌成虫便干缩成一小团干尸，完全包于卵囊内。6 月初卵开始孵化，若虫从卵囊下端开口爬出，在叶片背面叶脉两侧固定取食并越夏，秋季落叶前转移到枝干，树皮缝等隐蔽处群集结茧越冬。

【泌蜡腺体与蜡泌物的特征】

随着白蜡绵粉蚧从 1 龄若虫发育为成虫，虫体表面的腺体也随之变化。主要有盘腺和管腺。蜡腺的命名是根据它的表皮结构以及在体表的开口。盘腺有三格腺（trilocular pore），三个腺孔常呈三角形螺旋状排列，是粉蚧科特征性蜡腺。五格腺（quinquelocular disc-pore）在气门路上常见，多格腺（multilocular disc-pore）常由 10～12 格组成，多在雌成虫腹面的阴门区出现。管腺（tubular duct gland）又称领腺，其开口处向内有不同高度的环或领，是最普遍的一种柱状腺。除此之外还有刺和毛（setae），也具有分泌蜡质的功能。刺孔群（cerari）是一种泌蜡机构，仅存在于粉蚧科中，是粉蚧的特征性形态结构。体背缘一般 17 或 18 对，体缘的蜡丝就由刺孔群分泌。每个刺孔群通常由 2 根锥状刺和一群三格腺组成。三格腺在白蜡绵粉蚧的背腹面均出现，随着虫体的发育，数量增加，分布变广。五格腺仅存在于腹面，管腺散布在背腹两面，在 2 龄若虫体表开始出现，伴随着虫体发育数量增多。

1 龄若虫：固定取食不久就开始分泌蜡质，蜡质最先出现在体背和体缘区（图 2-46）。体缘的蜡质较厚，由一列刺孔群分泌。刺孔群每个体节 1 对，共 14～15 对，每一个刺孔群由 2 根粗锥形刺和 1 个三格腺组成。背面覆盖的蜡由三格腺分泌，三格腺分布在亚缘区 1 列，背中区 2 列（图 2-47），每个三格腺由一个圆孔及中间套着的三个三角形排列的腺孔构成。三格腺直径 3～4 μm，其中单孔直径 0.8 μm（图 2-48），一个腺孔分泌一根蜡丝，蜡丝表面光滑，在体表卷曲堆积。腹部末端的蜡质由肛环（anal ring）和肛环毛（anal ring setae）分泌（图 2-49）。虫体腹面蜡腺很少，只在体缘有 1 列五格腺，它们分泌细小的蜡丝，成卷曲状。同时整个腹面散布着由体壁分泌的薄蜡质（图 2-50），放大到 2000 倍可见其是直径 0.6 μm 的小蜡圈（图 2-51）。

2 龄若虫：体缘刺孔群 16～18 对，每个刺孔群由 2 根粗锥刺和 2～3 个三格腺组成，末对刺孔群的三格腺 4～5 个。虫体背中区散布三格腺，由于背面三格腺分布比 1 龄多，泌蜡量相应增大。可见体缘及背中部有白色蜡丝堆积（图 2-52）。与体缘的刺孔群和背中部成列的三格腺相对应（图 2-53）。蜡丝从三格腺中分泌出来，形状卷曲，表面光滑（图 2-54）。每个腺孔均为扁长形，长 1 μm，宽 0.4 μm，呈旋转式排列（图 2-55）。2 龄若虫背面出现管状腺，其端口在虫体表面，较为突出，直径 3 μm（图 2-56）。虫体腹面五格腺不再成列，而为稀疏分布，由它分泌的蜡丝直径 0.6 μm，整个腹面覆盖着一层蜡粉（图 2-57），放大观仍是小蜡圈（图 2-58），还可见肛环毛上有细蜡丝分布（图 2-59）。2 龄末期若虫结白色梭形蜡茧（wax cocoon）进入越冬期。蜡茧如大米粒状，长 2～3 mm，宽约 1 mm，末端有 1 小孔。蜡茧主要由管腺分泌的空心长蜡管构成，每根蜡管直径约 3 μm（图 2-60），管腺平时并不分泌蜡质，只有在形成蜡茧时才开始分泌管状蜡丝。从断面看，内壁具条状结构（图 2-61）。

3 龄雌若虫：背面泌蜡明显增多（图 2-62），放大观均为卷曲的蜡丝

（图2-63），由三格腺分泌。此时，组成刺孔群的三格腺增多，三格腺的孔径明显变大，每个腺孔为8字形，旋转交错排列，放大到5400倍，可见三格腺分泌的蜡丝扁长，中间有一道压痕（图2-64）。在三格腺周围分布着管腺，直径约4μm左右，开口于体表，可以看出此期管腺还不分泌蜡质（图2-65）。虫体腹面的五格腺直径约6μm，边缘具有宽约2μm，中间的五格腺各分泌一根蜡丝，直径约0.9μm（图2-66）。虫体末端的肛环和肛环毛也分泌大量的蜡丝，将肛环毛包裹成粗的蜡棒（图2-67），放大到6600倍，可见这些蜡棒为细蜡丝构成，直径约0.2μm（图2-68）。

雌成虫：进入成虫期，雌成虫急剧膨大，分节明显。被覆白色蜡粉，体节间的蜡粉薄（图2-69）。虫体背面缘区刺孔群18对，最后1对刺孔群的三格腺增多到十个左右。背面的三格腺数量增多，均匀散布。管腺在亚缘区、头端区和背中的中胸直到腹末各节非常密集，但在前胸背中几乎无分布。在雌成虫产卵之前管腺都不分泌蜡质，虫体背面的蜡质主要由三格腺分泌的（图2-70）。老熟雌成虫进入产卵期要先分泌卵囊，此时分布在背面和腹面的管腺才开始分泌长蜡丝（图2-71），为管状构造（图2-72）。虽然在虫体表面只能看到管腺的开口是一个双层圆孔，但当把体壁翻转后，用扫描电镜观察发现，管腺从体壁开口向内伸长成管状（图2-70和图2-73），由外管和内管两部分构成。外管长约18μm，直径约4μm；内管从外管末端伸出，长约6μm，直径约1.5μm（图2-74）。由于管腺的内外管套叠结构使分泌的蜡丝为空心结构，卵囊的表面放大观，可见它是由管状蜡丝相互交织在一起构成的（图2-75）。此期虫体腹面主要分布五格腺、多格腺和管腺。五格腺主要分布在头胸部，多格腺分布在腹部，特别在阴门区密集。管腺密集散布五格腺和多格腺之间，产卵前腹面蜡粉主要由五格腺和三格腺分泌，尤其是气门路上五格腺产生的白色蜡丝形成带状明显。整个腹面都覆盖着细小而卷曲的蜡丝（图2-76）。与管腺在虫体背腹面的分布相对应，卵囊先在背部中胸及前端体缘出现，随着泌蜡增多，再慢慢地将腹部包裹，最后虫体仅留下前胸背板及头部没有被覆盖（图2-77和图2-78）。当卵囊（ovisac）雏形出现后，雌成虫开始将卵产于囊内，然后边产卵边分泌卵囊直至产卵结束。

雄蛹及雄虫：雄虫的预蛹和蛹都是在越冬时结的蜡茧内度过，雄蛹（pupa）体表有较直的蜡丝覆盖（图 2-79），空心管状，表面为棱形（图 2-80）。雄成虫头胸腹分节明显，前翅（anterior wing）一对，半透明，后翅（posterior wing）退化成平衡棒（hamulohalter）。尾端具交尾器和 4 根白色长蜡丝（图 2-81）。尾丝放大显示其是由细丝状蜡高度卷曲缠绕形成，每根细蜡丝直径 1μm（图 2-82），由多格腺的每一个腺孔分泌出来。在玻片标本上可以看到雄成虫腹末 2 节背侧缘各有 1 对腺堆，腺堆中的每个小腺体均是多格腺，多六格腺，其中第 7 节的每个腺堆约有 30 个小腺，末节的每个腺堆约 50 个小腺，尾丝就是由这些腺体分泌的蜡丝共同形成的（图 2-83）。

【体壁与蜡腺细胞的显微特征】

在显微镜下观察石蜡切片可以看到白蜡绵粉蚧雌成虫体壁分为 6 层，由外及内依次为上表皮（epicuticle）、外表皮（exocuticle）、内表皮（endocuticle）、形成层（formation zone）、真皮层（epidermis）和基底膜（basement membrance）。其中上表皮、外表皮、内表皮和形成层组成原表皮（procuticle）。原表皮较薄，蜡白色，约 3.8μm ~ 6.3μm。在原表皮下为真皮层，厚约 12.6 ~ 21.3μm。已经知道，白蜡绵粉蚧体壁上分布的蜡腺有三格腺、五格腺、多格腺和管腺，从虫体的石蜡切片可以观察到这些腺体为单层细胞，长 16.3 ~ 25.0μm，宽 11.3 ~ 18.8μm，整齐排列在蚧虫体壁的真皮层内，蜡腺细胞为复合细胞，下部呈膨大结构，似圆形或苹果形，不能被染色试剂着色，但在大多数腺体细胞中都有一个管道，由细胞上端通向体壁外（图 2-84 和图 2-85）。在真皮层的下方为虫体的血腔，当把白蜡绵粉蚧背面将表皮揭开，可以看到脂肪体悬浮于血腔中，呈松散的一片或呈碎块状的白、黄色细胞。经石蜡切片可以看到，脂肪体呈云状密布，大小约 1μm（图 2-84）。脂肪体（fat body）具有很多代谢功能，在蚧虫体内为泌蜡腺体所泌蜡质的主要来源。三格腺分 3 个小室，包括 1 个中央细胞，2 个侧细胞，中央细胞内含有储藏物，这些储藏物为蜡质，通过 1 根腺管伸自表皮处，并在管道的端部有一不规则的接收器，可以将蜡质由此管道分泌出去。五格腺分为 5 个小室（或 5 个细胞），整体呈花瓣状，长，宽均约为 33.6μm（图 2-86）。三格腺、五格腺、多格腺都属于盘腺，通向原表皮的腺管短，其中以多格腺最短。管腺也是复合细胞，其腺管较长，分为内管和外管。内管末端位于腺体中央细胞内，另一端连接外管，外管穿过表皮，一条蜡丝由外管端口分泌出来（图2-85）。蜡腺细胞的横切为扇形或苹果形，细胞的下部染色较深，细胞中部不是空腔，含有内容物，还有类似蜡质的物质存在，其为真正泌蜡场所的所在。腺体细胞的腺管将表皮顶出一个突起，形成蜡腺孔（gland pore），也有的与表皮的刺链接（图2-86）。

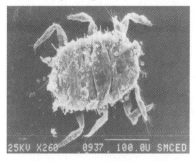

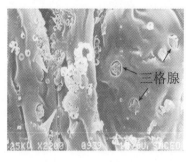

图2-46　1龄若虫背面观（×260），示背面和体缘分布的蜡

Fig. 2-46　First instar nymph dorsal view(×260), showing wax in dorsum and margin of body.

图2-47　1龄若虫背面放大观（×2200），示头部、前胸和中胸分布的2列三格腺

Fig. 2-47　Magnified view of dorsum (×2200), showing 2 line trilocular pores in head, prothorax and mesothorax.

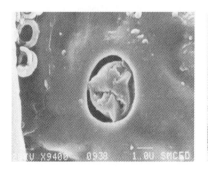

图2-48　三格腺放大观（×9400），示3个腺孔按三角形排列

Fig. 2-48　Magnified view of a trilocular pore (×9400), showing 3 loculi arranging in triangle

图2-49　腹部末端放大观（×940），示体缘和肛环毛上分布的蜡

Fig. 2-49　Terminal segments ventral view of the first instar nymph (×940), showing wax in dorsum and anal ring setae.

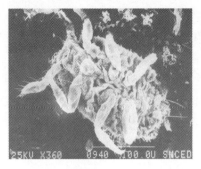

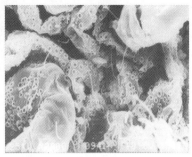

图 2-50　1 龄若虫腹面观（×360），示表面分布的蜡

Fig. 2-50　First instar nymph ventral view（×360），showing wax in the surface of body

图 2-51　1 龄若虫腹面分布的蜡放大观（×2000），示其为小蜡圈结构

Fig. 2-51　Magnified ventral view of wax（×2000），showing small wax circle structure

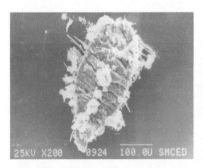

图 2-52　2 龄若虫背面观（×200），示背部中央和体缘分布的蜡

Fig. 2-52　Second instar nymph dorsal view（×200），showing wax in margin and central dorsum

图 2-53　2 龄若虫背部中央和体缘分布的蜡放大观（×480），示丝状结构

Fig. 2-53　Magnified ventral view of wax in margin and central dorsum（×480），showing wax filaments structure

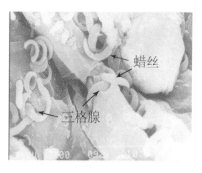

图2-54 三格腺分泌丝状蜡(×3600)，
每孔分泌一根蜡丝

Fig. 2-54 The wax filaments secreted by trilocular pores（×3600），each wax filament was secreted from one locular pore

图2-55 三格腺放大观（×9400），
示扁长的腺孔旋转排列

Fig. 2-55 A magnified view of a trilocular pore（×9400），showing prolate pore arranging in helix

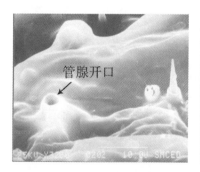

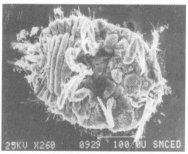

图2-56 2龄若虫背部管腺开口
（×3200）

Fig. 2-56 Open of tubular duct gland dorsal view（×3200）

图2-57 2龄若虫腹面观（×260），
示表面分布的蜡

Fig. 2-57 Second instar nymph ventral view（×260），showing wax in the surface of body

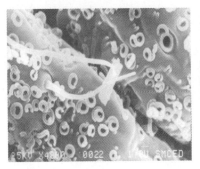

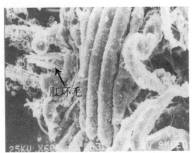

图 2-58　2 龄若虫腹面分布的蜡放大观（×4800），示其为小蜡圈结构

Fig. 2-58　Magnified ventral view of wax（×4800），showing small wax circle structure

图 2-59　腹部末端放大观（×600），示体缘和肛环毛上分布的蜡

Fig. 2-59　Terminal segments dorsal view of the first instar nymph（×600），showing wax in dorsum and anal ring setae

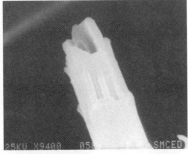

图 2-60　管腺分泌的蜡丝构成蜡茧（×600）

Fig. 2-60　Wax filaments secreted by tubular ducts that constituted the cocoon（×600）

图 2-61　构成蜡茧蜡丝放大观（×9400），示中空结构及内表面的条状结构

Fig. 2-61　A magnified view of wax filaments（×9400），showing hollow structure and longitudinal ridges of internal surface

图 2-62　3 龄若虫背面观（×60），示背面均匀分布的蜡

Fig. 2-62　Third instar nymph dorsal view（×60），showing wax in dorsum equably

图 2-63　3 龄若虫背蜡放大观（×300），示卷曲的丝状蜡

Fig. 2-63　Magnified view of dorsum（×300），showing filamentous wax curled over the surface

图 2-64　三格腺放大观，示泌蜡状，每孔分泌一根蜡丝（×5400）

Fig. 2-64　Magnified view of trilocular pores（×5400），each wax filament was secreted from one locular pore

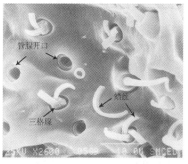

图 2-65　3 龄若虫背面放大观（×2600），示三格腺分泌蜡丝以及管腺双层开口并无蜡质

Fig. 2-65　Magnified view of dorsum（×2600），showing the wax filaments secreted by trilocular pores and 2 layer open of tubular ducts without wax substances

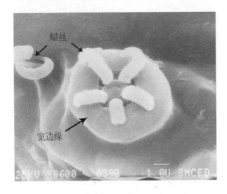

图 2-66　五格腺，示具有宽边缘，5个开口各分泌一根蜡丝（×8600）

Fig. 2-66　A quinquelocular pore, showing the wide rim and wax filament secretion（×8600）

图 2-67　肛环毛被肛环和自身分泌的蜡缠绕成棒状（×440）

Fig. 2-67　Anal ring setae were wrapped into sticks by wax secreted from anal ring and anal ring setae（×440）

图 2-68　肛环毛放大观（×6600），示细蜡丝结构

Fig. 2-68　A magnified view of the surface of anal ring setae（×6600）, showing the fine wax filaments constitution

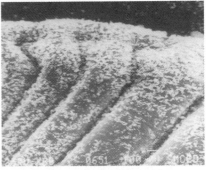

图 2-69　雌成虫背面观（×60），示三格腺分泌蜡丝以及体节

Fig. 2-69　Adult female dorsal view（×60）, showing wax filaments and segments

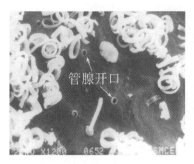

图 2-70 雌成虫背面放大观
(×1200)，示在此阶段管腺没
有分泌活动，其开口处看不到
蜡质
Fig. 2-70 Magnified view of the
dorsum of adult female (×1200),
showing tubular ducts could not se-
cret wax and the open without wax
substances

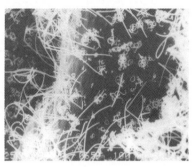

图 2-71 产卵期，管腺分泌长蜡
丝，以构成卵囊 (×300)
Fig. 2-71 Long wax filaments se-
creted by tubular ducts that constitu-
ted the ovisac when adult female be-
gins to oviposit (×300)

图 2-72 管腺分泌的蜡丝为空心
结构 (×2000)
Fig. 2-72 Magnified view of wax
filaments (×2000), showing the
hollow structure

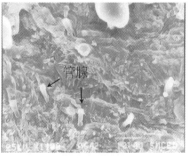

图 2-73 体壁内看到管腺的分布
(×1100)
Fig. 2-73 Several tubular ducts dis-
tributed in integument inside
(×1100)

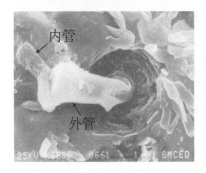
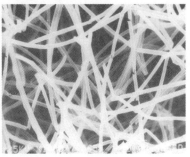

图 2-74 管腺放大观（×6000），示延伸的内管和外管
Fig. 2-74 Magnified view of a tubular duct（×6000），showing outer and inner ductile prolonging

图 2-75 卵囊放大观（×1000），示管状蜡丝交织在一起
Fig. 2-75 Magnified view of ovisac（×1000），showing hollow tube wax complected

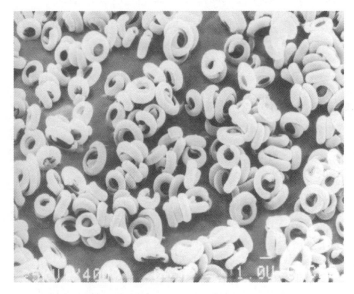

图 2-76 雌成虫腹面放大观（×1200），示卷曲的蜡丝
Fig. 2-76 Magnified ventral view of adult female（×1200），showing curled wax filaments

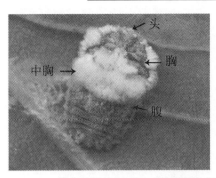
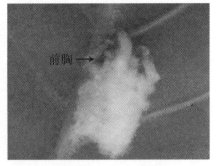

**图 2-77 和图 2-78　卵囊的形成过程，显示蜡显示出现在中胸和
体缘前端继而包裹全身只留下前胸**

Fig. 2-77 and Fig. 2-78　The process of ovisac coming into being, showing wax first in
mesothorax and prior margin then all body except prothorax

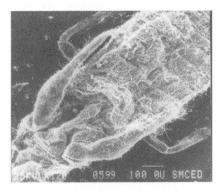
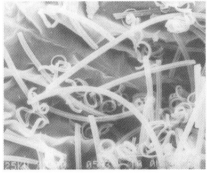

**图 2-79　雄蛹背面放大观（×120），
示表面分布的蜡质**

Fig. 2-79　A pupa dorsal view（×120），
showing wax distributed on the surface

**图 2-80　雄蛹背蜡放大观（×2200），
示棱形管状结构**

Fig. 2-80　Magnified view of the dorsal
wax（×2200），showing duct structure
with arris

 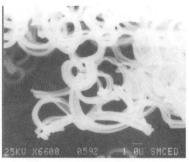

图 2-81　雄成虫侧面观（×32），
示末端的长蜡丝
Fig. 2-81　An adult male profile
view（×32）, showing long wax fil-
aments at the end of body

图 2-82　长蜡丝放大观
（×6600）
Fig. 2-82　Magnified view of the
long wax filaments（×6600）

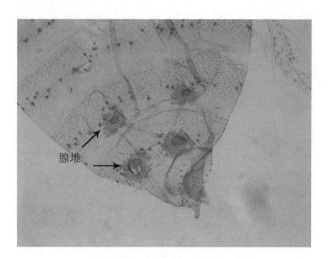

腺堆

图 2-83　光学显微镜下白蜡绵粉蚧雄虫腹部最后几节，
示分泌长蜡丝的腺堆（×150）
Fig. 2-83　Micrograph of abdominal posterior segments in
the male adult of *Phenacoccus fraxinus*s, showing pores in
cluster secreted the long wax filaments（×150）

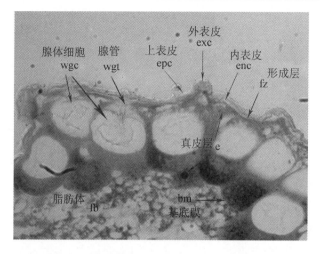

图 2-84　光学显微镜下白蜡绵粉蚧雌成虫体壁（×600）

Fig. 2-84　Micrograph of integument in the female adult of *Phenacoccus fraxinus*（×600）

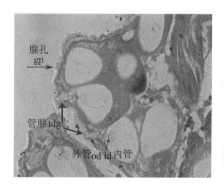

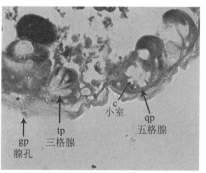

图 2-85　光学显微镜下白蜡绵粉蚧雌成虫体壁腺孔和管腺（×600）

Fig. 2-85　Micrograph of integument and tubular duct glands（tdg）in the female adult of *Phenacoccus fraxinus*（×600）

图 2-86　光学显微镜下白蜡绵粉蚧雌成虫体壁的三格腺和五格腺（×600）

Fig. 2-86　Micrograph of trilocular pore（tp）and quinquelocular pore（qp）in the female adult of *Phenacoccus fraxinus*（×600）

（二）康氏粉蚧 *Pseudococcus comstocki*（Kuwana）

康氏粉蚧是世界著名蚧害，原记录采于日本桑树，现知美洲、欧洲、大洋洲以及日本、朝鲜、印度、俄罗斯等国均有分布。很多国家都将其列为检疫对象。在我国十几个省市都有分布，危害苹果、山楂、梨等多种果树、绿化树，以及卫矛、白蜡、丁香和其他花卉[5]。康氏粉蚧体表被较厚的白色蜡粉，可见体节，体缘长蜡丝明显，最后 1 对特长（图 2-87）。常有群集危害习性，使树体衰弱，霉污严重。并且对空气污染具有抗性，1999 年发现在污染严重的太原化工厂和太原钢铁集团厂区的卫矛树上都能大量发生，产卵时泌蜡在枝杈处成堆[5]。

【生活史】

康氏粉蚧 1 年发生 3 代，主要以卵或少数以受精雌成虫或若虫越冬，越冬场所在寄主皮缝、伤疤、枝杈处和树干基部表土层下或石块等隐蔽处。来年春天寄主发芽时，越冬若虫开始活动危害。受精雌虫稍取食后爬到各种缝隙处分泌蜡质卵囊并产卵于其中。以卵越冬者则孵化，爬行上枝叶处取食。5 月中下旬，为第 1 代若虫盛发期，6 月上旬至 7 月上旬为成虫期，交配产卵。第 2 代若虫 6 月下旬至 7 月下旬孵化，盛期为 7 月上中旬；8 月上旬至 9 月上旬，第 2 代成虫羽化、交配、产卵。第 3 代若虫 8 月中旬孵化，盛期在 8 月下旬，9 月下旬至 10 月上旬为成虫的交配和产卵时间。早期产的卵到秋末孵化为若虫，便以若虫越冬；大部分以卵越冬；发生迟者，以成虫越冬。雌若虫历期 35～50d，蜕 3 次皮而发育为成虫。雄虫历期 25～37d，蜕 2 次皮而进入预蛹期，继而发育为蛹、雄成虫。雄虫交配后即死去，雌虫取食后分泌卵囊而产卵。第 1、2 代每个雌虫产卵 200～450 粒，第 3 代每个雌虫产卵 70～150 粒。越冬卵均产于树皮裂缝内或少数在根基附近的土石下。非越冬卵还有的产于果实梗凹处。第 1 代若虫在枝和树干处危害较多，第 2、3 代则在叶上和果实上危害。此蚧只在产卵期雌虫不太活动，其余各期若虫和成虫均可随时活动，转移危害场所。

【泌蜡腺体与蜡泌物的特征】

1 龄若虫：体面布满刺毛，刺孔群由三格腺组成，只有最末 1 对。虫体背面沿体缘和中区散布着蜡丝，尤其是腹部末端蜡质较多，它与刺孔群对应，由三格腺分泌产生（图 2-88）。

图2-87 雌成虫在叶部危害，体表覆盖白色蜡粉

Fig. 2-87 Adult femalessettled on the leaves of the host plant and with waxy powder on the surface

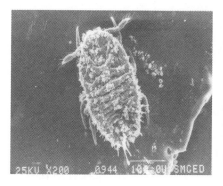

图2-88 1龄若虫背面观（×200），示背面和体缘分布的蜡

Fig. 2-88 First instar nymph dorsal view（×200）, showing wax in dorsum and margin of body

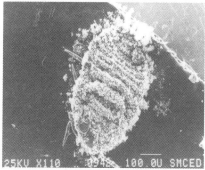

图2-89 2龄若虫背面观（×110），示背面分布的蜡

Fig. 2-89 Second instar nymph dorsal view（×110）, showing wax in dorsum

2 龄若虫：体缘出现蜡刺。刺孔群 17 对。体表覆白色蜡粉，比 1 龄泌蜡量明显增大，几乎覆盖了整个背面（图 2-89）。放大观可知体表蜡粉实际是由三格腺分泌的细蜡丝堆积而成（图 2-90）。三格腺直径 2.5μm 是由 3 个狭长的腺孔成三角形排列形成的，腺孔一边平整，另一边有两个凸起，像字母 B。此外还有管腺少量分布，但此期还不分泌蜡质（图 2-91）。

3 龄若虫：体缘 17 对刺孔群，通常由 2 根锥刺和几个三格腺组成。末对刺孔群位于椭圆形的硬化片上，由 2 根粗锥刺，5~8 根毛状刺和多个三格腺组成（图 2-92）。体背表面散布着直径 3.3μm 的三格腺，每个腺孔分泌一根蜡丝，直径为 1.3μm。腺孔的 B 形状使得分泌出来的蜡丝内表面光滑，外表面边缘增厚（图 2-93）。蕈状腺分布在全体背，直径接近 8μm，管口硬化环发达，成半球形，一侧基部可见 1 个伴孔（图 2-94）。大多数刺孔群内侧各有 1 个蕈状腺，另外还有 2 亚中纵列，贯穿头、胸、腹背，在腹部还有亚缘纵列。管腺在体表开口，直径为 3μm（图 2-95）。

雌成虫：体表被较厚的白色蜡粉，各体节分界处薄，使分节仍明显。体缘蜡丝 17 对，蜡丝基部粗而端部细；体前端蜡丝较短，向后渐长，最后 1 对特长，约为体长的 1/2~2/3。体背缘区具 17 对刺孔群，这是虫体边缘 17 对蜡丝的分泌部位。除头胸部的刺孔群 3~5 根锥刺外，其余均为 2 根，另有附毛和 1 群三格腺。体背的厚蜡粉是由三格腺分泌的蜡丝堆积而成（图 2-96）。腹面的蜡粉薄，体面具稀疏的短毛。腹面三格腺多而散布，蕈状腺在胸部和前 2 腹节，数量少；多格腺在腹部各节多，成横带，胸部和头部少。在产卵时先由管腺分泌蜡丝构成卵囊，为空心管状，直径为 1.8μm 左右，表面为棱形结构（图 2-97）。接下来椭圆形的卵产于白色絮状卵囊内，多格腺分泌的蜡丝黏附在卵粒上，防止相互之间的粘连，起到护卵作用（图 2-98）。放大后可知蜡丝卷曲，短小，表面为多棱形，直径 1.0μm（图 2-99）。

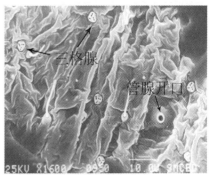

三格腺

管腺开口

图 2-90　2 龄若虫背面放大观（×450），
示蜡质为蜡丝，在各体节堆积状
Fig. 2-90　Magnified dorsal view of second instar nymph（×450），showing wax filaments distributed equably in the segments

图 2-91　2 龄若虫背面放大观
（×1600），示三格腺和管腺
Fig. 2-91　Magnified dorsal view of second instar nymph（×1600），showing trilocular pore and tubular duct gland

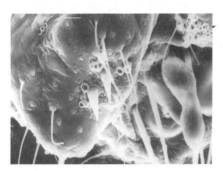

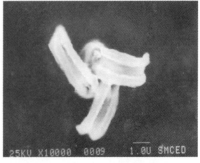

图 2-92　腹部末端的刺孔群（×1000），
由 2 根粗锥刺，5-8 根附毛和成簇的
三格腺组成
Fig. 2-92　Anal lobe cerarii consisted of 2 thick conical setae, 5～8 lanceolate setae and accompanied by many trilocular pores in cluster（×1000）

图 2-93　三格腺放大观（×10000），
示每个腺孔分泌一根蜡丝
Fig. 2-93　Magnified view of trilocular pore（×10000），each wax filament was secreted from one locular pore

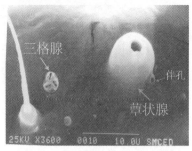

图 2-94　蕈状腺放大观（×3600）
Fig. 2-94　Magnified view of mush-
room-like pore（×3600）

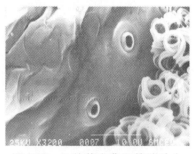

图 2-95　3 龄若虫背面管腺放大
观（×3200），示开口并无蜡质
Fig. 2-95　Magnified view of tubular
duct gland without wax substances
（×3200）

图 2-96　雌成虫体背蜡丝放大观
（×4800）
Fig. 2-96　Magnified view of the
wax filaments in the dorsum of adult
female（×4800）

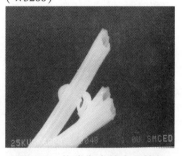

图 2-97　构成卵囊的空心管状
蜡丝（×6000）
Fig. 2-97　Hollow wax tubes se-
creted by tubular ducts that con-
stituted the ovisac（×6000）

图 2-98　卵囊内的卵粒放大观
（×320），示表面的蜡质
Fig. 2-98　Magnified view of the
egg in the ovisac（×320）, showing
wax on the surface

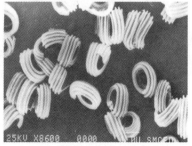

图 2-99　卵粒表面的蜡质放大观
（×8600），示卷曲的小蜡圈结构
Fig. 2-99　Magnified view of the
wax on the surface of egg（×8600）,
showing curled wax circle structure

粉蚧科昆虫蜡泌物小结

（1）三格腺是粉蚧科的特征腺体，刺孔群同样也是粉蚧特有的泌蜡机构，主要由多个三格腺和锥状刺构成，在白蜡绵粉蚧和康氏粉蚧中都有存在。

（2）三格腺均分泌丝状蜡，但不同种不同龄期的三格腺的腺孔构造不一样，由此导致的蜡丝形态也有所差别。白蜡绵粉蚧 1 龄三格腺腺孔为不规则的结构分泌细蜡丝，2 龄发育为扁长形腺孔分泌外表面光滑的蜡丝，到了 3 龄腺孔为 8 字形，分泌的蜡丝中间有一道压痕；康氏粉蚧三格腺的腺孔没有变化，均为 B 形，一边平整，一边有两个凸起，所分泌的蜡丝外表面边缘增厚，内表面光滑。

（3）管腺只在特定的时期分泌空心蜡管，构成具有保护作用的外壳。在白蜡绵粉蚧中它有两个泌蜡阶段，第一个在 2 龄若虫越冬前，由管腺分泌粗蜡丝形成越冬蜡茧；第二个是雌成虫产卵期，由管腺分泌粗蜡丝形成卵囊。在虫体发育的其他时期，虽然有管腺的分布但发现它并不分泌蜡质。同样的康氏粉蚧的管腺也是在产卵时分泌空心管状蜡丝构成卵囊。

（4）粉蚧腹面气门路上的五格腺分泌丝状蜡，堆积在气门路呈带状分布，构成呼吸通道。阴门区的多格腺分泌的多棱形的卷曲小蜡丝包在卵粒的周围起到保护作用。

（5）白蜡绵粉蚧雄虫的腹末 2 节背侧缘各有 1 对腺堆，这些聚集在一起的六格腺分泌细丝状蜡高度卷曲缠绕在一起，共同形成了 4 根白色长蜡丝。

三、珠蚧科昆虫的蜡腺及蜡泌物

珠蚧科 Margarodidae 现已知全世界有 76 属 307 种。它的经济意义很大，有不少种类是全球性的大害虫[48]。本次研究选择了吹绵蚧属 *Icerya* Signoret 两种著名的害虫，一个是澳洲吹绵蚧 *Icerya purchasi* Maskell，是柑橘的重要害虫，且易于传播。另一种埃及吹绵蚧 *Icerya aegyptiaca*（Douglas）近些年在广东危害严重。

（一）澳洲吹绵蚧 *Icerya purchasi* Maskell

澳洲吹绵蚧是一种世界性的害虫，亚热带和热带为其自然发生地，温、寒带的记录多在户内和温室植物上，寄主植物超过 250 种。在我国主要分布于南方各省，主要危害柑橘类、油桐、苹果、梨等林木和果树。该虫以雌成虫或若虫群集在叶芽、嫩芽、新梢及枝干上，吮吸汁液危害，使叶片发黄，枝条枯萎，引起大量落叶、落果，树势衰弱，甚至枝条或全株枯死。并能排泄大量蜜露，诱发煤污病，影响光合作用、使花木降低及丧失观赏价值。

【生活史】

吹绵蚧世代重叠，即使在同一环境内，往往各虫态都有。吹绵蚧一年发生的代数，南北各地也不同。西南地区 1 年发生 3～4 代，长江流域 2～3 代，华北地区 2 代。3～4 代的地区以成虫、卵和各龄若虫在主干和枝叶上越冬。吹绵蚧雌虫很多，雄虫数量极少，日常不易发现，繁殖方式多以孤雌生殖。温暖、潮湿的生境有利于吹绵蚧的发生。适宜繁殖温度为 25～26℃，40℃以上或 12℃以下即大量死亡。雌虫成熟后从腹部末端分泌蜡质，形成卵囊（图 2-100），产卵期长达 1 个多月。每头雌虫在春季一般可产卵 600 粒左右，而夏季只能产 200 粒左右，初孵若虫在卵囊内经短期后开始分散活动，在叶背、枝上缓慢爬行，在新叶背面主脉两侧定居吸食（图 2-101），脱皮后更换位置。初孵若虫多数固着于叶片上吸汁危害，成长后逐渐迁往枝梢，虫多时主干上也成群寄生。雄若虫行动较活泼，经 2 次脱皮后，口器退化，不再危害，在枝干裂缝或树干附近松土、杂草中作白色薄茧化蛹，经 1 周左右羽化为雄成虫，飞翔力强。该虫有雌、雄同体现象。雌成虫寿命可达 2 个月，雄成虫寿命仅 5～20 天。

【泌蜡腺体与蜡泌物的特征】

雌若虫初孵时体裸，取食后虫体背面分泌淡黄色蜡粉。背面头胸部有腺孔，腹部少，但排成 2 缘纵列和 4 横列。2 龄若虫体背面覆盖黄蜡，低倍电镜下看背面密布着成簇的丝状蜡花，只留下长长的尾毛（图 2-102）。多格腺有大小 2 种，小者在背面，大者在体缘，分泌丝状蜡堆积在体背，实心构造（图 2-103）。腹面有长丝状的蜡质缠绕，是由单心小四格腺分泌产生的（图 2-104），此外紧贴腹面体壁的还有一层 C 形小蜡圈（图 2-105）。3 龄雌若虫蜡腺变多，特别是空心多格腺。雄者第 2 龄后经预蛹、蛹化为雄成虫。

图 2-100　澳洲吹绵蚧，卵囊放大观
Fig. 2-100　Magnified view of the ovi-sac of *Icerya purchasi*

图 2-101　澳洲吹绵蚧雌成虫和若虫沿叶脉分布
Fig. 2-101　Adult females and Nymphs of *Icerya purchasi* settled along leaf veins

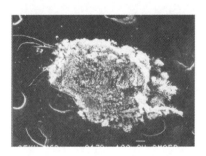

图 2-102　2 龄若虫背面观（×60），示背面分布的蜡和长尾毛
Fig. 2-102　Second instar nymph dorsal view（×60），showing wax in dorsum and long tail hair

图 2-103　2 龄若虫背面放大观（×860），示卷曲的蜡丝
Fig. 2-103　Magnified dorsal view of second instar nymph（×860），showing curled wax filaments

雌成虫背面薄被白蜡（图 2-106），放大观为丝状蜡（图 2-107）。雌成虫腹面的蜡一种为卷曲的长丝状。多格腺分为 2 种类型：较大的中央常具 1 个圆形小室和周围 1 圈小孔，直径约 13μm，每个孔分泌一根实心蜡丝，可见有的小格还残留着断裂后的蜡丝（图 2-108）；较小的中央常具 1 个长形小室和周围一圈小孔。腹面的另一种蜡丝，边缘向内卷，紧贴体壁，有的为 C 形小蜡圈，有的像缠绕的线圈（图 2-109）。雌成虫产卵期分泌白色蜡丝形成卵囊，附在腹部的腹面向后，卵囊与虫体腹部约为 45°角向后伸出。卵囊虽有较明显的纵行沟纹约 15 条，但实为一个整体并不分裂（图 2-110）。它是由雌成虫成熟时腹部腹面的半圆形卵囊分泌带（简称卵囊带）所分泌的。卵囊分泌带为单心或双心的小多格腺构成。低倍电镜下看卵囊上的纵行沟纹是由成簇的丝状蜡构成，放大到 1000 倍可见蜡丝相互缠绕，宽约 1.4 ~ 2μm，实心结构（图 2-111）。

图 2-104 2 龄若虫腹面分布的蜡放大观（×200），示其为小蜡圈结构

Fig. 2-104　Magnified ventral view of second instar nymph（×200）, showing long wax filaments

图 2-105 2 龄若虫腹面体壁放大观（×1100），示紧贴腹面的一层小蜡圈

Fig. 2-105　Magnified ventral view of integument（×1100）, showing small wax circle adhered

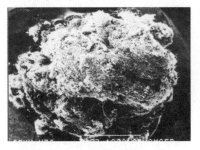

图 2-106 雌成虫背面观（×36），示背面分布的蜡和长尾毛

Fig. 2-106　Adult female dorsal view（×36）, showing wax in dorsum

图 2-107 雌成虫背面放大观（×1000），示长丝状的蜡

Fig. 2-107　Magnified ventral view of adult female（×1000）, showing long wax filaments

蜡丝

多格腺

图2-108　多格腺放大观（×2000），示每个腺孔分泌一根蜡丝

Fig. 2-108　Magnified view of multilocular disc-pore（×2000），each wax filament was secreted from one locular pore

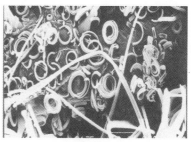

图2-109　腹面体壁放大观（×1800），示紧贴腹面的一层蜡圈

Fig. 2-109　Magnified ventral view of integument（×1800），showing small wax circle adhered

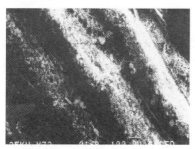

图2-110　雌成虫卵囊背面观（×72），示纵行沟纹

Fig. 2-110　Ovisac dorsal view of adult female（×72），showing longitudinal lines

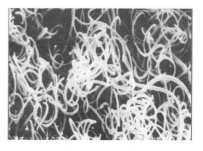

图2-111　雌成虫卵囊背面放大观（×1000），示其组成为长蜡丝

Fig. 2-111　Magnified view of ovisac（×1000），showing consisted of long wax filaments

雄成虫较瘦小，身上略有白色蜡粉。茧长椭圆形，由白色疏松的蜡丝组成，不全包住蛹体。

（二）埃及吹绵蚧 *Icerya aegyptiaca*（Douglas）

埃及吹绵蚧分布于东半球热带、亚热带广大地区，如非洲、大洋洲和亚洲南部，包括菲律宾以及我国台湾、广东、香港等地。寄主植物也很多，约有近百属植物，如柑橘、合欢、番荔枝、无花果、巴豆、苹果等等。该蚧危害严重时可布满整个枝条，致使寄主叶片变黄，生长势减弱，枝干枯萎，甚至死亡。此外还分泌大量蜜露，导致煤污病的严重发生，使植株丧失观赏价值[48]。虫体背面被厚白蜡，体缘有楔状蜡突，尤以腹末的蜡突为长，盖于卵囊之上，形如条状屋瓦（图2-112）。而腹面蜡质较少，触角、足、口器和体节均清晰可见（图2-113）。

【生活史】

该虫发生代数因地区而异。南方各地一年发生3-4代，长江流域一年发生2～3代。在广州地区1年可以发生3～4代，并以各种虫态越冬。每年有两个发生高峰期，即4月中下旬至7月上旬、9月上旬至11月中旬，发生严重。埃及吹绵蚧若虫孵化后便可爬行，1龄若虫固定危害，2龄开始扩散危害，多固定于新叶叶背主脉两侧，吸食叶片汁液。雌虫成熟后固定取食并不再移动，随后形成卵囊并在其中产卵。产卵期较长，约为23～30天左右，每一雌虫产卵数百至上千粒不等。繁殖方式以孤雌生殖为主。

【泌蜡腺体与蜡泌物的特征】

2龄若虫：虫体背面覆盖淡黄色蜡粉（图2-114）。放大可见卷曲的长丝状蜡堆积在体表，实心结构（图2-115），是由小型多格腺分泌的，此种多格腺的结构为中心1～8格，周围一圈小孔。腹面清晰可见长长的体毛以及体表附着的蜡质（图2-116）。放大到2000倍可见腹部体节上散布着弯曲的短蜡丝，边缘向内卷起，直径约为1μm（图2-117）。

雌成虫体面有很多蜡质以及大量毛被，尤以体缘为长，在体缘形成小群，同时在肛门附近也有较长的毛（图2-118）。体背的白蜡，放大可见其为实心的长蜡丝（图2-119）。体缘有条状蜡突（图2-120），也为实心的长蜡丝构成（图2-121），是由体缘众多的小多格腺分泌产生的，其中心3～4格，周围还有一圈小孔（图2-122）。腹面整体也分布这种小型多格腺。卵：卵圆形，赭红色，密集于白色卵裹之内。卵的表面覆盖一层小蜡圈，防止互相粘连（图2-123）。放大可见卵囊是由长的实心蜡丝相互缠绕形成的（图2-124）。蜡丝由多格腺产生，多格腺有2种类型，其一为单心多格腺，中心开放，周围一圈小孔（图2-125）。其二为无心多格腺，只有周围的一圈小孔（图2-126）。

图 2-112　埃及吹绵蚧雌成虫
在叶片上分布

Fig. 2-112　Adult female of *Icerya aegyptiaca* settled on the leaf

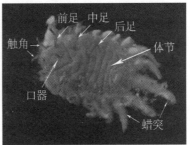

图 2-113　埃及吹绵蚧
雌成虫腹面观

Fig. 2-113　Ventral view of adult female of *Icerya aegyptiaca*

图 2-114　2 龄若虫背面观 (×100)，
示背面分布的蜡和长毛

Fig. 2-114　Second instar nymph dorsal view (×100), showing wax in dorsum and long hair-like seta

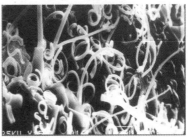

图 2-115　2 龄若虫背面放大观
(×1500)，示卷曲的蜡丝

Fig. 2-115　Magnified dorsal view of second instar nymph (× 1500), showing curled wax filaments

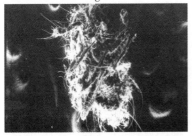

图 2-116　2 龄若虫腹面观 (×100)，
示表面分布的蜡

Fig. 2-116　Senond instar nymph ventral view (×100), showing wax in the surface of body

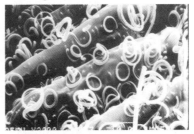

图 2-117　2 龄若虫腹面分布的蜡
放大观 (×2000)，示其为小蜡圈
结构

Fig. 2-117　Magnified ventral view of wax (× 2000), showing small wax circle structure

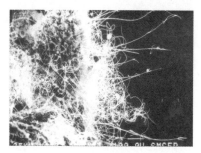

图2-118 雌成虫背面观（×100），示背面分布的蜡和体缘的长毛
Fig. 2-118 Adult female dorsal view（×100）, showing wax in dorsum and long hair-like seta in margin（×100）

图2-119 雌成虫背面放大观（×3000），示背面分布的蜡丝
Fig. 2-119 Magnified ventral view of adult female（×3000）, showing long wax filaments

图2-120 体缘的条状蜡突（×100）
Fig. 2-120 Strip wax in the margin（×100）

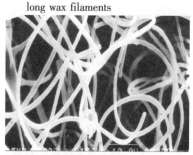

图2-121 蜡突放大观（×1800），示其为实心的长蜡丝
Fig. 2-121 Magnified view of strip wax（×1800）, showing solid and

图2-122 光学显微镜下背面体缘的小多格腺（×600），它们具有中心3～4孔和一圈小孔
Fig. 2-122 Micrograph of dorsal view of margin（×600）, showing many small multilocular pores that posses central 3 or 4 pores and a circle of small pores.

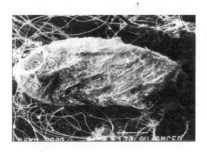

图 2-123　卵囊内的卵粒放大观（×200），示表面的蜡质
Fig. 2-123　Magnified view of the egg in the ovisac（×200），showing wax on the surface

图 2-124　构成卵囊的实心蜡丝（×660）
Fig. 2-124　Solid wax filaments that constituted the ovisac（×660）

图 2-125　单心多格腺放大观（×4400），示周围一圈小孔，中央具 1 孔
Fig. 2-125　Magnified view of a type of the multilocular pore（×4400），showing a circle of loculi with a central pore

图 2-126　无心多格腺放大观（×4400），仅有周围一圈小孔，中央无孔
Fig. 2-126　Magnified view of another type of the multilocular pore（×4400），showing a circle of loculi without the central pore

珠蚧科昆虫蜡泌物小结

（1）吹绵蚧属的低龄若虫体背面覆盖黄蜡，电镜下观察为成簇的实心丝状蜡，是由多格腺分泌的。澳洲吹绵蚧腹面由单心小四格腺分泌长丝状的蜡质，此外，紧贴腹面体壁的还有一层 C 形小蜡圈。而埃及吹绵蚧腹面散布着弯曲的边缘向内卷起的短蜡丝。

（2）雌成虫背面和腹面的蜡质放大观均为实心的丝状蜡，埃及吹绵蚧体缘的条状蜡突同样是由实心的长蜡丝构成。

（3）澳洲吹绵蚧雌成虫产卵期的卵囊，是由雌成虫成熟时腹部腹面的半圆形卵囊分泌带的单心或双心的小多格腺所分泌的白色实心蜡丝构成。埃及吹绵蚧的卵囊是单心多格腺和无心多格腺分泌的实心长蜡丝构成的。

四、毡蚧科及胭脂蚧科昆虫的蜡腺及蜡泌物

毡蚧科 Eriococcidae 与粉蚧科近，过去曾作为粉蚧科的一个亚科。白毡蚧属 Asiacornococcus Tang 是汤枋德先生新建立属，均由毡蚧属 Eriococcus 移入[48]。本次研究选择了山西南部危害严重的柿白毡蚧 Asiacornococcus kaki（Kuwana）。

胭蚧科在蚧总科中是一个小科，世界上仅记录 1 属胭脂蚧属，9 种。原产于墨西哥和中美洲，只寄生在仙人掌科植物上[112]。我国以前没有此类蚧虫的分布记录。2000 年中国林科院为了开发蚧虫色素资源，从国外引进胭脂蚧 Dactylopius coccus Costa 和 Dactylopius confusus（Cockerell），在云南的部分地区进行人工试养繁殖，目的是要利用 D. coccus Costa 制取天然胭脂红色素[113~114]。

（一）柿白毡蚧 Asiacornococcus kaki（Kuwana）

柿白毡蚧以往称柿毡蚧，它分布于日本、朝鲜和我国。在我国北方的河北、山东、河南、山西、陕西等柿产区连年发生严重。南方分布在广西、安徽等地，专寄生柿树 Diospyros kaki。在山西省运城、临汾、晋中、晋东南地区的柿树上虫口密度大。该蚧以成虫和若虫在柿树嫩枝、梢、叶柄、叶片、果面、果柄和果蒂上固定吸食汁液，常群集在柿蒂与果实相结合的缝隙处（图 2-127）[5]。虫体红紫色，体外由泌蜡结成白色毡囊状蜡壳，形似大米粒，容易识别。此虫刺吸部位，常使柿树组织变色，发红黄色。叶片受害出现多角形黑斑，叶柄被害，色变黑，畸形生长，遇风易落。果实被害，果实小。果绿期果面出现黄绿色斑点，果红期出现黑褐色或紫黑色斑点，落果严重，丧失商品价值。整个树体常被霉菌感染，树势衰弱，发黑，减产严重。除寄生柿树以外，它还危害无花果 Ficus carica、杏 Prunus armeniaca、厚皮香 Ternstroemia sp. 和油茶 Camellia oleosa[37]。

【生活史】

柿白毡蚧在山东、河南、河北、山西等地1年发生4代，在浙江、广西等地1年发生5~6代。以若虫于树皮裂缝、芽鳞等处越冬。在山西省南部，4月中旬开始出蛰，5月下旬出现成虫，并开始交尾产卵。各代雌虫产卵期分别是5月底、7月初、8月初及9月初。各代若虫出现盛期分别为6月中旬、7月中旬、8月中旬和9月中旬。10月中旬若虫爬到树皮缝隙处越冬。若虫出蛰后，爬到梢基鳞片下方、嫩芽、叶腋、叶柄及叶背等处危害，多寄生于叶背主脉、侧脉及叶缘上。第1代若虫开始上果危害，余后几代都能在果上，特别是柿蒂与果实相结合的缝隙处，群集一圈。该蚧世代重叠，常在一群中有大小不等和不同虫态存在。该虫产卵量，第1代为82~190粒，第2代为103~436粒。寄生在果实上的卵量258~436粒，叶上的卵量131~201粒，寄生在枝条上的103~128粒。

【泌蜡腺体与蜡泌物的特征】

雌虫从1龄若虫发育到成虫过程中，虫体背面的泌蜡腺体主要是锥状刺、单孔腺和管状腺3种，锥状刺是毡蚧的特征性泌蜡器官，分为大中小3种，分布在各体节。在若虫第1龄期，从体缘到背中区分布成纵向6列，即体缘两侧各1列，体亚缘两侧各1列，背中区2列，每列约20个。单孔腺很小，数量很多，均匀散布在虫体表面，一般在显微镜下难以观察到单孔腺结构，只有在扫描电子显微镜下才能看到它的圆形开口。管状腺少，成列夹杂在锥状刺之间。第2龄期随着虫体长大，腺体的数量增多，体缘和背中区的锥状刺仍保持明显纵列，亚缘区到背中区之间腺体数量增加。雌成虫的虫体明显长大，上述3种泌蜡腺体数量也增加很多，在头、胸部散布，在腹部各体节密集成带。由这些腺体分泌的蜡质形成蜡壳。

蜡壳为卵圆形毡囊状，它的形成分为3个阶段：

（1）泌蜡发生期：若虫孵化后，虫体表面没有明显蜡质，爬行扩散到叶片背面、嫩枝和果实表面固定寄生，开始取食后不久便分泌蜡质。这些锥状刺是泌蜡的主要器官，分泌的长蜡丝为空心管状构造，直径约4μm，在虫体缘区和亚缘区最先出现，向外翻卷，末端卷曲度大（图2-128）。体缘还有一些白色的高度卷曲的蜡圈，较短，直径约0.5μm，

图 2-127   柿白毡蚧在枝条及柿果上寄生状

Fig. 2-127   *Asiacornococcus kaki* settled on the branch or twigs and persimmon fruit

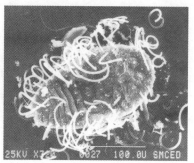

图 2-128   1 龄若虫背面观（×320），示背面体缘分布的空心管状蜡

Fig. 2-128   First instar nymph dorsal view（×320），showing long and hollow wax in dorsum

由体壁上的一些盘腺分泌。2 龄若虫：背面的粗锥刺在背中区和缘区内侧的大，在缘区外分布的中等大小；在亚缘区的刺较小。缘刺 2 列，在腹节上成对分布。头胸部也有刺的分布。蜡从锥刺端口刚开始分泌出来时，端部为锥形（图 2-129）。同时紧贴虫体表面还散布着细小的卷曲蜡丝，直径约 0.6 μm，是由体壁上分布的直径约 0.8 μm 单孔盘腺分泌的（图 2-130）。

（2）泌蜡增长期：锥刺分泌蜡质增长很快，为长的粗蜡丝端部锥形呈钉状（图 2-131），像刺猬一样，在光镜下观察是白色透明的。再放大为 480 倍时可见直径与相应的锥状刺直径一致，约 5 ~ 13 μm，表面附着有极细的丝（图 2-132）。从蜡管在锥刺基部断裂处可以看出其直径与相应的锥状刺端口一致，管壁的厚度为 1.5 ~ 3 μm，空心结构（图 2-133）。肛门位于虫体腹部末端，肛环和肛环毛也是泌蜡器官，肛环由一圈腺孔组成，并着生 6 根肛环毛。它们分泌的蜡质将肛环毛包裹形成粗的蜡棒（图 2-134）。当放大到 10000 倍时，可见这些蜡棒是由细蜡丝缠绕堆积而成，每根蜡丝是由 1 个腺孔分泌的，其直径约 0.2 μm（图 2-135）。

（3）蜡囊形成期：锥刺分泌的尖端蜡管继续增长，形成蜡囊的框架。在虫体背面均匀散布的管腺开始工作分泌蜡质，长丝状，表面光滑，与构成框架的粗蜡管交织在一起，正面隆起，表面上有白色透明的

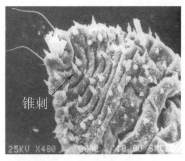

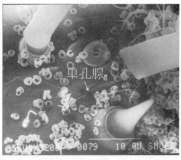

图 2-129　若虫背面观（×480），显示锥刺和单孔腺泌蜡

Fig. 2-129　Nymph dorsal view（×100）, showing the wax secreted by the cone-shaped setae and simple pores

图 2-130　若虫背面观（×3200），示锥刺泌蜡的基部断裂状，周围散布单孔腺及其产生的细蜡丝

Fig. 2-130　Nymph dorsal view（×3200）, showing cone-shaped setae secreted the tube-shape wax that broken at the base and some fine wax filaments scattered that were secreted by simple pores

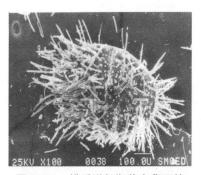

图 2-131　蜡质增长期若虫背面的蜡（×100），显示长且粗的管状蜡和细蜡丝

Fig. 2-131　The wax secretion growth on the dorsal surface of the nymph（×100）, showing long and thick tube-shape wax and fine wax filaments

图 2-132　管状蜡的放大观（×480），显示空心结构和尖的前端

Fig. 2-132　Magnified view of the tube-shape wax（×480）, showing hollow and with an acuate tip

粗蜡刺穿出（图 2-136）。放大可知蜡丝为中空结构，直径 1.5 μm（图 2-137）。随着管腺分泌蜡丝的增多，它们之间的空隙越来越小，最终形成质地紧密的毡囊状蜡壳（图 2-138）。在蜡丝分泌交织的过程中，泌蜡

腺体同时分泌有黏性物质，使蜡壳的毡囊状构造更加致密，具有韧性。

虫体腹面分布的腺体有管腺和五格腺 2 种，管腺为 3 种大小，在亚缘区成不规则带状分布，泌蜡很少，在虫体腹面形成一层薄蜡，起保护作用。五格腺在各腹节分布，产卵期分泌卷曲的细小蜡丝，黏在卵粒的表面，防止它们之间相互粘连。

图 2-133　蜡管断裂处放大观（×600），示厚管壁和空心结构
Fig. 2-133　Magnified view of broken tube-shape wax（×600），showing the wax tube with hollow structure and thick wall

图 2-134　肛环分泌的蜡丝将肛环毛包裹成棒状（×2600）
Fig. 2-134　Anal ring setae were wrapped into sticks by wax secreted from anal ring（×2600）

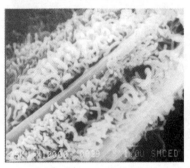

图 2-135　肛环毛蜡丝的放大观（×10000）
Fig. 2-135　magnified view of filamentous wax on the anal ring setae（×10000）

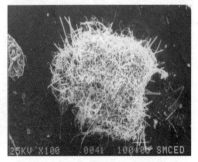

图 2-136　毡囊状蜡壳背面观（×100），示粗蜡管为框架与长丝状蜡互相交织
Fig. 2-136　The felt sac dorsal view（×100），showing long wax filaments that involved in the formation of the felt sac by intertexture with thick wax tubes as framework

　　雄性 1 龄和 2 龄若虫的腺体和泌蜡与雌性相似，到 2 龄若虫后期雌雄分化明显。虫体分泌的蜡质形成一个扁平的蜡茧。雄茧长卵圆形，表面致密光滑，长约 1.0mm，宽约 0.5mm，放大观察雄茧是由空心的长丝状蜡缠绕在一起形成的（图 2-139）。与雌性的蜡壳相比，雄茧表面致密光滑（图 2-140）。预蛹和蛹在蜡茧中度过，虫体表面覆盖蜡质很少（图 2-141），直到雄虫羽化后才从茧的端口钻出。

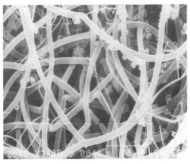

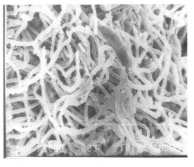

图 2-137　构成毡囊状蜡壳的蜡丝放大观（×2400），示空心管状
Fig. 2-137　Magnified view of filamentous wax forming the felt sac（× 2400），showing hollow tube configuration

图 2-138　质地紧密的毡囊状蜡壳放大观（×1000），示蜡丝间距小
Fig. 2-138　Magnified view of the tight felt sac（× 1000），showing wax filaments arranged closely

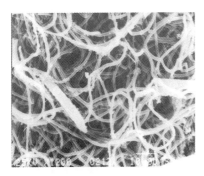

图 2-139　雄茧放大观（×1200），示长丝状蜡构造
Fig. 2-139　Magnified surface view of the male wax cocoon（× 1200），showing long wax filaments

图 2-140　枝条上的雄茧，长椭圆形，扁平
Fig. 2-140　The male cocoon on the brance was elliptic and flat

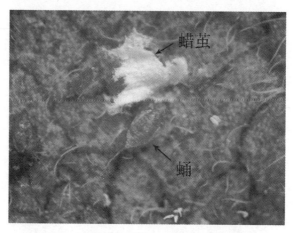

图 2-141 在蜡茧中的蛹，虫体表面覆盖蜡质少

Fig. 2-141 The pupa in the cocoon with a little wax materials on the surface

毡蚧科昆虫蜡泌物小结

（1）锥状刺是毡蚧的特征性泌蜡腺体，分泌钉状壁厚的空心粗蜡管，构成蜡囊的框架。再由虫体背面散布的管腺分泌中空长蜡丝，与构成框架的粗蜡管交织在一起。随着管腺分泌蜡丝的增多，并有黏性物质参与，最终形成质地紧密的毡囊状蜡壳。

（2）体壁上分布的单孔盘腺也能分泌细小的卷曲蜡丝，散布在虫体表面。

（3）虫体腹面的薄蜡是由管腺分泌的，各腹节上分布的五格腺在产卵期分泌细小蜡丝，黏在卵粒的表面，防止它们之间相互粘连。

（4）肛环和肛环毛也能分泌细蜡丝将肛环毛包裹形成粗的蜡棒。

（二）胭脂蚧 *Dactylopius confusus*（Cockerell）

2004 年，福建省泉州市从墨西哥引进食用仙人掌大面积种植。在引进过程中，仙人掌携带一种蚧虫，在种植后该虫大量滋生，形成危害。该蚧虫表面分泌白色蜡质，形成蜡被，酷似粉蚧或毡蚧。经我们鉴定，该虫为胭脂蚧 *Dactylopius confusus*（Cockerell）。

【生活史】

胭脂蚧在原产地 1 年可以繁殖 2 ~ 4 代。许多生物和非生物因子对虫体的生长发育均有较大影响，其中以温度、湿度影响较为明显。此类蚧虫系卵胎生昆虫，全年可见各龄虫体，世代重叠十分明显。由于寄主及营养差异，雌成虫怀卵量最高达每头340粒，平均每头120粒。胭脂虫的雌雄性比远大于1:1，环境因子对性比具有较大的影响。

【形态与泌蜡腺体的特征】

1龄若虫：无明显的气门路。五格腺分布全身，以腹面和背面的腹节为多，在腹面的最后腹节五格腺成簇，多达30个或更多。管腺具宽的内管在腹面体缘区分布，数量不是很多，头部也有少量分布。背面刺毛柱状或截锥状，呈带状分布，共5条，背中区1条，亚中区2条，缘区2条。体缘背刺在腹部最后几个腹节为两个一组，相当粗壮，且周围有一小簇五格腺，朝向头部刺毛逐渐变短变细（图2-142）。背刺长度与扩大了的基座直径比为1.3～1.6。若虫孵化后固定取食不久就开始分泌蜡质，腹部背面便出现白色蜡点，几小时后就可以布满全身。解剖镜下观察1龄后期的若虫体壁并非完全被蜡泌物所包裹，还可看见裸露的暗红色虫体（图2-143）。2龄后背面蜡被白色毡状。在电镜下放大3000倍观察，可见若虫背部的蜡泌物为扁丝状构造，盘旋卷曲地从腺孔中泌

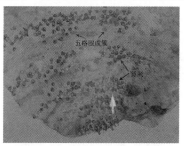

图 2-142　光学显微镜下腹部（×600），示柱状或截锥状背刺和成簇的五格腺

Fig. 2-142　Micrograph ofventer view of *Dactylopius confusus* (×600), showing cylindrical or truncate dorsal setae are and a cluster of quinquelocular pores

图 2-143　1 龄若虫背面观（×3000），示丝状蜡及背面裸露部位

Fig. 2-143　First instar nymph dorsal view (×3000), showing wax filaments and bare part in dorsum

出，断裂后形成 C 型小蜡圈。蜡丝粗 0.6～0.7μm（图 2-144）。同时发现，根据若虫虫体显微特征，其背面主要分布五格腺和截锥状刺，且五格腺在虫体前端部稀少，电镜下看到有的部位未被蜡覆盖，因此，推断这些断裂为 C 型的蜡圈是五格腺所分泌的。再放大观察在五格腺泌蜡堆中，有粗壮的近圆柱状的空心管，这便是显微特征中观察到的截锥状背刺，由此发现它其实不是实心结构，而是中空的管状，其外径 2.0μm，内径 1.2μm，管壁厚度为 0.4μm，具许多小孔，管子外壁上是泌蜡层形成纵向条纹（图 2-145）。说明这种截锥状的背刺也有泌蜡功能。若虫腹面蜡质为蓬松的蜡花，腹面后端各体节被蜡花所覆盖，600 倍下观察这些蜡花是由许多与背面相同的 C 型小蜡圈堆积在一起组成的（图 2-146）。这是由腹面的五格腺分泌产生的。五格腺直径大约 5μm，单格直径约 1μm，这与 C 型小蜡圈粗度吻合，说明每个蜡孔分泌一根蜡丝。

雌成虫：虫体卵形，分节明显，长 2.3～3.2mm，宽 1.5～2.2mm。触角发达，7 节，长 143～173μm，具粗钝的刺毛，两触角间距 143～270μm。眼突出，直径 36～51μm，两眼间距 306～714μm。足中等粗度，较短，爪无小齿，跗冠毛和爪冠毛细长。气门喇叭状。胸部腹面有三个腹疤。管腺具宽的内管，分布整个腹面。腹面的五格腺在前后气门的周围分布，不成列，在腹部末端则成簇。背面的五格腺单个或成群分

图 2-144　2 龄若虫背面放大观（×13000），示扁平的蜡丝
Fig. 2-144　Magnified dorsal view of second instar nymph （×13000）, showing flat wax filaments

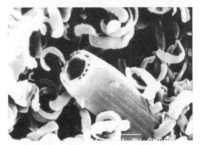

图 2-145　截锥状背刺放大观（×12000），示背刺为中空的管状，管壁表面具有许多小孔
Fig. 2-145　Magnified view of truncate dorsal setae （×12000）, showing hollow tube structure and with a circle of loculi on the surface

布，常与一个管腺相连，三个一群排成品字形状者最为常见，而一群中五格腺数量为 5~9 个。背刺为截柱状，基部扩大，散布全身，且在腹部的多而大，头部的少而短。肛门开口于虫体背面末端，肛环及肛环刺毛均无。虫体外被白色棉絮状蜡丝，通常多头虫的蜡丝常黏合在一起，形成棉球状。一头虫的蜡被长 1.7mm，宽 1.1 mm 左右。解剖镜下可见透明的粗蜡管和白色的细蜡丝交织在一起。电镜下放大到 44 倍时发现粗蜡管是构成蜡被的主体，细蜡丝长而波浪形，缠绕在蜡管周围（图 2-147）。再放大可看到蜡管长达几百个微米，外表面粗糙毛鳞状，中空，外径 $10\mu m$，内径 $5\mu m$（图 2-148）。根据显微特征测得五格腺直径约为 $5\mu m$，背刺基座宽 $18\mu m$，内径约 $10\mu m$。可知该蜡管是由背刺分泌产生的。

　　雄茧从外观上看质地紧密，白色。长 1.5mm，宽 0.6mm。电镜下放大到 3000 倍看是由长而粗的蜡丝主干交织构成的，这些主干蜡丝扁柱状，粗度为 $2.5\mu m$，表面凹凸不平，上面附着着不规则的蜡块和蜡圈（图 2-149）。从雄茧中将虫体剥出，发现雄蛹表面附有一白色薄蜡粉。放大时发现这层蜡粉也是由 C 型小蜡圈构成（图 2-150）。这与上述若虫背腹面蜡质构造一样。

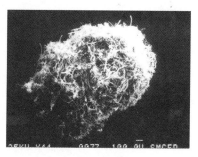

图 2-146　2 龄若虫背面观（×600），示表面的丝状蜡

Fig. 2-146　Second instar nymph ventral view（×600），showing wax filaments on the surface

图 2-147　雌成虫背面观（×44），示粗蜡管和细蜡丝构成蜡被

Fig. 2-147　Adult female dorsal view（×44），showing thick wax tubes and thin wax filaments that involved in the formation of wax cover

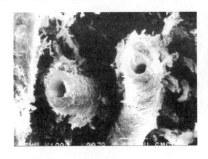 

图 2-148 粗蜡管放大观（×1800），示其中空，表面粗糙
Fig. 2-148 Magnified view of thick wax tubes（×1800），showing hollow structure and with a crude surface

图 2-149 雄性蜡茧放大观（×3000），示其由长而粗的蜡丝为主干交织组成并附着有蜡圈
Fig. 2-149 Magnified view of male cocoon（×3000），showing long and thick wax filaments that involved in the formation of cocoon with wax circles

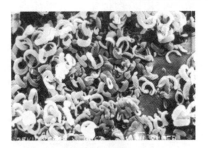

图 2-150 雄蛹腹面观（×110），示虫体表面的小蜡圈
Fig. 2-150 Pupa ventral view（×110），showing small wax circles on the surface

胭脂蚧科昆虫蜡泌物小结

（1）虫体背面的截柱状背刺为中空的管状，管壁较厚，表面具许多小孔，外壁上有泌蜡层形成的纵向条纹，背刺具有泌蜡功能，产生粗蜡管构成蜡被的主体。

（2）虫体背面的五格腺成簇分布，每个腺孔分泌一根蜡丝。腹面的五格腺蜡泌物为扁丝状构造，盘旋卷曲地从腺孔中泌出，断裂后形成 C 型小蜡圈。

III　讨　论

蚧虫一生中大部分时间都是固定在寄主植物的表面，刺吸寄主汁液生活，它不能像其他动物或昆虫一样当遇到外界侵扰时可以主动逃避敌害，因此，蜡泌物形成的蜡壳或蜡被对它的生存具有特别重要的保护作用，这是人们以前已经认识的。但是，蚧虫的蜡泌物在不同的类群之间和不同的发育阶段呈现出形态结构的多样性，使我们意识到蚧虫分泌蜡质绝不像人们以前认识的那样是一种次生代谢产物，它应该是蚧虫遗传进化的产物，对蚧虫来说分泌蜡质具有主动性，是生命代谢的重要组成部分。其对虫体的保护性功能可能只是它的许多功能中的一部分，在研究了蚧虫泌蜡腺体和蜡泌物超微结构的变化规律之后对于其他的生物功能可能会给出有意义的揭示或启发。

昆虫的体壁是包在整个昆虫体躯（包括附肢）外面的一个构造复杂的组织，由它形成昆虫的外骨骼系统，并为内骨骼系统提供附着和支撑，所以昆虫的体形和外部特征都决定于体壁的构造。昆虫的体壁又是阻止体内水分过量蒸发和外界不利因子（无机因子，病原微生物，杀虫剂等）入侵的屏障，所以，是十分重要的保护性组织。因此，研究昆虫体壁的基本结构及其在不同昆虫类群之间的特征差异不仅是昆虫形态学、分类学，系统进化的基础，而且在昆虫的生理代谢、害虫防治中的病原物应用和杀虫剂开发上具有重要意义。昆虫体壁的模式构造在昆虫教科书中已有介绍[115]，通常，昆虫体壁包括三个主要层次，由外向内为表皮层，皮细胞层和底膜。表皮层由上表皮（厚度为 $0.1 \sim 3\mu m$，包括护蜡层、蜡层、表面层、外上表皮和内上表皮）和原表皮（厚度为 $10 \sim 500\mu m$，包括外表皮、内表皮和形成层）构成。从各个分层的厚度来看，原表皮是体壁中最厚的一层，其次是真皮层（皮细胞层）。但我们的观察发现，白蜡绵粉蚧的体壁中原表皮的厚度为 $4.9\mu m(3.8 \sim 6.3\mu m)$，不是最厚的一层。真皮层即皮细胞层是最厚的一层，其厚度为 $12.6 \sim 21.3\mu m$。这主要由于蚧虫体壁具有大量泌蜡的特点。在真皮层紧密排列一层泌蜡腺体细胞，它们是复合细胞，体积很大，细胞的直径在不同的种属之间有一定的差异。本次通过体壁的石蜡切片观察，发现了这些泌蜡腺体细胞的复合结构，根据蜡腺种类不同，复合细胞的分室数目不同，但基本上都是由一个中央细胞和 2 或多个侧细胞构成，向外分泌蜡质的管道位于中央细胞。三格腺、五格腺和多格腺都属于盘腺，通向体壁表面的管道较短，其中以多格腺的最短，管腺的泌蜡管道长，由内管和外管构成，内管末端伸入中央细胞内很深。这些蜡腺细胞具有合成、储藏和分泌蜡质的功能。

本书在观察蜡蚧属低龄若虫蜡壳的超微形态中，发现蜡蚧属低龄若虫期，星芒状蜡壳的蜡芒分为明显的两段，每一段又具有许多近似相等的小节。从蜡芒基部宽厚，端部锥状的特征分析，似说明蜡芒的形成是伴随着虫体发育和泌蜡部位的生长而进行的，蜡芒端部一段是第一龄期分泌的蜡质，基部一段为第二龄期分泌的结果，每一段上的许多小节表明它是均匀的分泌周期所致。蜡蚧属蜡壳背面中央隆起的蜡质也均匀分层，和同在蚧科的副盔蚧属的体背蜡壳属于同类现象。这种由节律性分泌形成的蜡质分层现象与树木年轮甚为相似，已知后者是树木生活年周期的印迹，而蜡壳上的分节和分层必定与蚧虫生活的某种节律(如昼夜节律或与取食相关的其他生理活动规律)有关。

褐软蚧曾被 Foldi 报道过蜡泌物为湿蜡凝结成的片状结构[21]，在本研究中得到证实，并且发现褐软蚧在幼期和成虫期虫体背面和腹面的蜡泌物均为相同的质地。此外观察到气门刺上环绕着密集的蜡丝，排列规则，说明气门刺同样具有分泌蜡质的功能，在柑橘盔蚧 Sassetia coffeae 气门刺的扫描电镜观察中出现类似的现象[24]。但在本次研究的其他蚧虫类群中还未出现气门刺分泌蜡丝的现象。

本次研究发现，粉蚧科的白蜡绵粉蚧和康氏粉蚧体壁表面的泌蜡腺体虽然以三格腺为主，但与蚧科日本龟蜡蚧虫体表面的三格腺在形式和分泌蜡质的结构上都有所不同。白蜡绵粉蚧的三格腺是粉蚧科一个特征性腺体的代表，通过本次扫描电镜观察发现，在体壁表面三格腺的开口是 3 个顺时针旋转的扁形孔，每个孔各分泌 1 根蜡丝，由这些蜡质构成虫体表面的蜡层。而日本龟蜡蚧的三格腺的泌蜡孔成"品"字形排列和"川"字形排列两种类型，它们分泌的蜡质含有内蜜露，为湿蜡，蜡质堆积虫体表面形成固定形状的龟背状蜡壳。

绵粉蚧的管腺在背腹面都有分布，只在雌成虫形成卵囊阶段才分泌粗管状蜡丝，构成卵囊骨架。同样的情况也出现在柿白毡蚧中。它只有在毡囊状蜡壳的骨架结构形成后才开始分泌长的中空细蜡丝。以它在粗蜡管的框架上缠绕编织，形成质地紧密的毡状蜡壳。而日本龟蜡蚧的管腺只在腹面亚缘区成带状分布，分泌少量细小蜡粒，附着在虫体腹面，防止虫体与寄主枝叶直接接触，也是起到保护功能。白蜡绵粉蚧的管腺是一个空心柱状结构，用扫描电镜观察虫体表面时不能看到构造全貌。因为它在表皮上仅有一个圆形的开口。本次是将表皮剥离出来，翻转后直接观察表皮里面，才看到管腺的立体特征及在体壁上的着生情况。对管腺的泌蜡以往没有专门的报道，我们发现它从内外管的套叠结构中分泌出长且直的空心粗蜡丝，这些蜡丝构成雌成虫卵囊的骨架。

通常五格腺的开口是 5 个圆形孔，每个孔各分泌 1 根蜡丝，其蜡丝细小，卷曲堆积在气门路，它们之间的空隙为蚧虫呼吸提供气体的通道。五格腺在不同的科中形态有所区别，在蚧科的锡金伪棉蚧中外形为花朵状，相同的外形出现在瘤大球坚蚧和朝鲜毛球蚧中；而在粉蚧科的白蜡绵粉蚧中，五格腺外形为圆环状，最特别的是具有一个厚的边缘。对于胭脂蚧科的胭脂蚧五格腺也是圆环状，但与以上蚧虫单个零散分布不同的是成虫期的成簇分布，泌蜡的形式为丝状蜡。这与谢映平曾报道的蚧科的瘤大球坚蚧 *Eulecanium giantea*、朝鲜毛球蚧 *Diesmococcus Koreanus* 和双蜡蚧 *Dicyphococcus bigibbus* 的虫体腹面气门路上五格腺分泌的丝状蜡相似[54,55,57]。这给我们一个启示，即在蚧科和其他科五格腺在虫体气门路上分泌的蜡丝主要形成蚧虫呼吸空气的通道，但在胭脂蚧科，五格腺在虫体背、腹面分布，分泌蜡丝应该是保护虫体的作用。这是它们在不同部位的功能差别。然而它们尽管分布的部位不同，但蜡泌物的形态都是相同或相似的。

在绝大多数蚧虫的腹面阴门区多见多格腺，开口为 10 个左右的圆形孔，每个小孔各分泌 1 根蜡丝，断裂成小蜡圈黏附在卵的表面防治它们相互粘连。在粉蚧中为多棱形的卷曲小蜡丝，而吹绵蚧属中多格腺种类较多，分布广。澳洲吹绵蚧的卵囊分泌带为小多格腺组成，分泌产生具有 15 条纵脊的与体同长的卵袋。

从材料力学的角度看，相同直径的空心构造比实心的承载能力相对要强一些，物质消耗最少。各科的管腺以及毡蚧的锥刺分泌的蜡均为空心蜡丝，具有高效的泌蜡特点，这种泌蜡特征是蚧虫在长期进化过程中形成的[61]。空心丝状蜡质在鞘翅目瓢虫的幼虫也已发现[116]，这种现象似乎蕴涵在生物的物质与能量转化基本规律之中。

毡蚧科 Eriococcidae 是第四大科，与蚧科 Coccidae 的亲缘关系较远，但我们发现柿白毡蚧虫体表面的锥刺分泌的粗管状蜡与蚧科的狐茅背刺毡蜡蚧 *Eriopeltis festucae*（Fonscolombe）虫体表面的空心粗管状蜡很相似，其间也散布细蜡丝。与显微形态对照，狐茅背刺毡蜡蚧表面主要泌蜡腺体也为粗锥刺，中间也散布着很多小的单孔腺，与柿白毡蚧的特征相同，但不同的是柿白毡蚧蜡管的前端很尖[56]。这对于它们之间的亲缘关系提出了疑问。

前人对蚧虫蜡泌物的扫描电镜观察多为雌成虫一个虫态[21~30]，对低龄期若虫阶段的泌蜡和不同龄期间泌蜡腺体和蜡泌物的变化未见报道。不足以全面理解泌蜡在蚧虫生命活动中的生物学意义。本次选取了几种具有代表性的虫种研究其不同发育阶段以及不同性别间的差异性，揭示蚧虫泌蜡过程中，泌蜡腺体形态和着生部位的变化及多样性，蜡泌物形态构造的多样性以及它们与蜡泌物功能之间的联系。

IV 本篇总结

一、结 论

通过对以上 5 科 10 属 11 种蚧虫泌蜡腺体和蜡泌物的研究，可以得到如下结论：

（1）蚧虫泌蜡腺体种类具有多样性：蚧虫体壁表面分布有大量的多种腺体，分泌蜡质形成蜡被具有保护功能。这些腺体大致分为 3 类，即盘腺、管腺和刺腺。盘腺主要为三格腺、五格腺、多格腺。管腺有瓶腺、蕈腺、微管腺等。刺腺有各种形式，刺端尖或钝。此外体壁上分布的小圆孔也具有泌蜡功能。泌蜡腺体种类的多样性导致了腺孔结构的多样性和泌蜡结构的多样性，这是进化和遗传的结果。

（2）蚧虫蜡泌物超微结构具有多样性：由于泌蜡腺体的多样性决定了蜡泌物超微结构的多样性，在虫体表面的蜡泌物超微结构有块状、片状、丝状、颗粒状、管状、锥状等。其蜡质有半透明状，湿蜡，干蜡、白色棉絮状、粉状、囊状、毡状等。丝状蜡有的为实心蜡丝，有的为空心管状，或直或弯曲，或细长或粗壮。表面或光滑或有一定纹理。

(3)蜡腺分布具有一定的规律性，且功能不同：三格腺普遍存在于粉蚧科虫体表面，背面和腹面都有分布，数量丰富，三格腺的三个开口呈顺时针旋转式排列，它是粉蚧科的特征性腺体，在体缘有一圈多达18 对的刺孔群，每个刺孔群2～3 个锥刺伴随多个三格腺共同构成，这是粉蚧的独有特征。三格腺分泌丝状蜡在虫体表面形成保护性的蜡被。在蚧科的日本龟蜡蚧也有三格腺，但是它们出现在雌性三龄和成虫期的虫体背面，分泌湿蜡，构成体表的盔状厚蜡壳。五格腺，圆形，由中间1 格和周围一圈 5 个小孔组成。通常分布于气门路上，分泌丝状蜡，从体缘堆积到气门口，构成蚧虫呼吸空气进入的通道。多格腺，圆形，由中间1 格(或无格)和周围一圈多个小孔组成。多分布在蚧虫雌成虫的腹面阴门区，分泌细蜡丝，断裂成小蜡圈，黏附在卵粒表面起保护作用。管腺在背面和腹面都有分布，在虫体背面的管腺，常分泌空心管状的粗蜡丝，形成蜡茸和卵囊；但是，腹面的管腺泌蜡常很少，其泌蜡在虫体腹面形成薄蜡层。刺腺，无论端尖或钝都分布在虫体背面，特别是毡蚧科虫体背面密集分布的粗锥刺，分泌管状蜡构成体表的毡囊状蜡被。

(4)蜡泌物的形态随着蚧虫的种属、性别、龄期而不同：蚧科的蜡蚧属低龄若虫的雌雄两性均分泌干蜡，形成星芒状蜡壳，雌性三龄和成虫期分泌湿蜡，形成龟背状蜡壳；软蚧属和盔蚧属低龄若虫与成虫均分泌湿蜡，形成体表的薄蜡片，软蚧属是从小到大的蜡片层层套叠，而盔蚧属是不规则的多层片状；粉蚧科的绵粉蚧属和粉蚧属低龄若虫和雌成虫都产生丝状蜡，前一属从分泌表面光滑的蜡丝到产生中间具有压痕的扁蜡丝，且雄蛹分泌棱形管状蜡，后一属蜡丝内表面光滑，外表面边缘增厚，产卵期均分泌空心管状蜡丝形成卵囊；珠蚧科的吹绵蚧低龄若虫和成虫也都产生丝状蜡，但与粉蚧科相比，蜡丝较长，排列较紧密，在产卵期分泌实心蜡丝，形成卵囊；毡蚧科的白毡蚧属低龄期分泌尖端为锥形的厚壁管状蜡，老龄若虫和雌成虫以此为框架分泌丝状蜡缠绕其上紧密交织在一起，雄性蜡质少，化蛹前形成薄蜡茧；胭脂蚧低龄期分泌丝状蜡，成虫期产生管状蜡与前期的蜡丝交织在一起，形成蜡被。雄性分泌丝状蜡。

（5）泌蜡过程具有间歇性和阶段性：发现一些蚧虫的泌蜡过程具有间歇性和阶段性特点，日本龟蜡蚧星芒状的干蜡壳周缘有 15 个蜡芒，每个蜡芒明显分为 2 段，这与其两个龄期相对应，端部一段为第 1 龄若虫分泌，基部一段由 2 龄若虫分泌，这两段又各由约 10 小节构成，说明它们在每个龄期内蜡丝分泌不是连续的，而是间歇性和节律性的。蜡芒的各节均由排列整齐的蜡丝构成，这与该位置的密集泌蜡腺孔相对应；褐软蚧体背面的蜡层是由许多不连续的蜡片层层叠加构成的，每个大的蜡片上有许多小蜡片，而每个小蜡片上还有更小的蜡片分布。这些蜡质的形成是伴随着虫体发育和泌蜡部位生长而进行的，具有节律性。白蜡绵粉蚧的管腺有两个泌蜡期，一是 2 龄若虫越冬前，管腺分泌粗的空心管状蜡丝形成蜡茧，二是雌成虫产卵期，管腺分泌粗的空心蜡丝形成卵囊，其余时间虽有管腺分布但它并不分泌蜡质。这种间歇性和阶段性泌蜡特点与蚧虫生物学相适应。

（6）泌蜡的经济高效性：发现了蚧虫泌蜡在行为和蜡泌物的结构上具有生物学的经济高效性，管腺、锥刺腺和其他一些腺体分泌蜡丝为空心结构，用于形成卵囊、蜡被或蜡茧，具有消耗蜡质少，强度大，效率高的特点。

（7）蚧虫体壁和蜡腺细胞具有特殊的构造：蚧虫体壁由 6 层构成，由外及内依次为上表皮、外表皮、内表皮、形成层、真皮层和基底膜。其中上表皮，外表皮，内表皮和形成层组成原表皮。腺体细胞单层整齐排列在真皮层，每个腺体细胞通常由中央细胞和多个侧细胞构成复合细胞，复合细胞体积大，下部膨大，形状呈长方形、囊泡状、近圆形或苹果形，细胞核位于腺体细胞下部，合成的蜡质集中和储藏在上部，再由一个骨化明显的孔道从细胞上端开始，穿过表皮层通向体壁外面。蜡质就是由这个孔道输送和分泌到体壁外表的。与其他昆虫不同点在于蚧虫体壁的真皮层是最厚的一层，皮细胞主要是泌蜡腺体细胞，它们是大型复合细胞，紧密排列。

二、创新点

（1）发现粉蚧发育过程中，三格腺的超微结构发生变化。白蜡绵粉蚧 1 龄若虫三格腺的开口是不规则狭缝，2 龄发育为扁长形，到 3 龄发育为 8 字形孔。腺孔结构的变化直接导致分泌蜡丝形态的变化，最初分泌细蜡丝，后期的蜡丝为中央具有压痕的扁蜡丝。并发现三格腺在白蜡绵粉蚧和康氏粉蚧两种粉蚧上腺孔结构不同，使它们分泌的蜡丝形状有明显差异。

（2）采用体壁翻转和电镜扫描技术，观察到了白蜡绵粉蚧泌蜡管腺的超微结构，掌握了管腺由外管和内管两部分套叠形成。结合虫体表面观察到管腺开口的双层圆孔结构，弄清了管腺的内外管套叠结构是分泌蜡丝为空心管状的机制。

（3）通过连续观察蚧虫的泌蜡过程，发现了白蜡绵粉蚧管腺虽然在各个虫期的体壁上都有分布，但它只在两个时期才分泌蜡质，第一个泌蜡期是 2 龄若虫越冬前，由管腺分泌粗的空心蜡丝形成越冬蜡茧。第二个泌蜡期是当雌成虫进入产卵期，管腺分泌空心粗蜡丝形成卵囊骨架。其余时间管腺并不分泌蜡质。这是蚧虫泌蜡研究的一个新发现。

（4）发现了五格腺在虫体上的分布和泌蜡功能的多样性，以往都认为五格腺总是或主要是分布在气门路上，由五格腺分泌蜡丝堆积在气门路上，以蜡丝之间的空隙形成空气从体缘进入气门的通道。但是，本研究发现锡金伪棉蚧虫体背面全部分布着五格腺，由这些五格腺分泌细蜡丝形成体表的厚蜡壳。在胭脂蚧整个背板和腹板上更是密集分布成簇的五格腺，它们的泌蜡形成体表的蜡壳。

（5）发现了毡蚧体壁表面的一些微小的泌蜡孔。以往在毡蚧昆虫体表主要观察到大型锥刺分泌蜡质，但本次用扫描电镜观察到锥刺分泌粗的空心蜡管，形成虫体背面囊状蜡壳的骨架。在锥刺之间还密集分布着微小的泌蜡孔，它们分泌细小蜡丝，填充在锥刺分泌的粗蜡管之间，参与囊状蜡壳的形成。

（6）发现肛环和肛环毛都具有泌蜡功能，它们分泌很细的蜡丝，其蜡丝将肛环毛包裹成棒状。

　　(7)通过显微石蜡切片观察到蚧虫体壁与其他昆虫的不同，其体壁由 6 层构成，真皮层是最厚的一层，蜡腺细胞排列紧密，为复合细胞，由中央细胞和侧细胞构成，具有细胞核、储蜡室和泌蜡管道。

第 3 篇
应用外源信号分子在蚧虫生物防治上的研究

本研究于 2007~2008 年历时 2 年，在山西省临猗县选择了健康的和日本龟蜡蚧连年危害的柿树林为试验地，研究受外源信号茉莉酸甲酯（MeJA）和日本龟蜡蚧诱导的柿树挥发性物质的变化规律，以及它对优势捕食性天敌昆虫红点唇瓢虫（*Chilocorus kuwanae* Silvestri）的招引作用。使用"Y"型嗅觉仪来测试红点唇瓢虫对不同月份及 MeJA 处理不同时间后柿树枝叶的趋向性，发现在受到日本龟蜡蚧危害却不能诱导柿树对天敌昆虫具有吸引作用的时期，应用 MeJA 处理后可以诱导柿树产生对瓢虫明显的吸引效应。并掌握了这种诱导效应随时间变化的规律。通过林间试验证明了 MeJA 的应用可以提高虫害柿树对瓢虫的吸引力，使瓢虫的种群密度增加。

为了掌握柿树挥发物中对瓢虫具有招引作用的有效组分，结合日本龟蜡蚧发育阶段、危害特点和柿树生长规律，在林间使用顶空气体收集装置采集柿树挥发物，室内用溶剂洗脱 GC/MS 分析和热脱附 TCT-GC/MS 联用仪两种方法分析了柿树枝叶挥发物的化学成分，包括日本龟蜡蚧危害树的枝叶、MeJA 处理树的枝叶和正常对照树的枝叶。共设计安排了四个试验，即：①MeJA 诱导和蚧虫危害的柿树挥发物含量和成分的季节变化；②MeJA 诱导的柿树挥发物成分的昼夜变化特点；③不同剂量的 MeJA 处理对柿树挥发物成分变化的影响；④MeJA 处理后诱导柿树挥发物成分变化的持续效应。通过以上试验，以期掌握日本龟蜡蚧—柿树—天敌昆虫之间的化学信息联系，明确外源信号分子 MeJA 对增强柿树诱导防御蚧虫的作用。

经过试验红点唇瓢虫对蚧虫危害和 MeJA 处理的柿树挥发物的趋性

差异，根据 MeJA 处理和蚧虫危害的柿树挥发物中新增加的化学组分或含量提高的组分，从中筛选了可能对红点唇瓢虫的趋性选择起决定作用的 3 种单组分物质，进行了生物活性试验，验证其对瓢虫的吸引效应。

以上研究对于开展人工应用外源信号分子调控寄主树木挥发物的释放，增加对天敌昆虫吸引，提高对蚧虫的捕食和寄生，开辟高效的蚧虫生物防治新途径，具有特别重要的理论意义和实际指导作用。

I　材料和方法

一、红点唇瓢虫对柿树不同味源的趋性反应

(一)林地条件

本研究采样是在本实验室研究日本龟蜡蚧的试验基地进行的。采样的柿树林位于山西省运城市临猗县，本次选择树龄为 1~3 年生，树高约 1.5~2.0m，冠幅宽 1.5~2.0m 的林分作为试验林。虫害林地和对照林地之间相距约 1000m，二者的立地条件和林况相似。

(二)试验时间

2007~2008 年分两个试验阶段，第一阶段在 7~8 月份，此时正是日本龟蜡蚧若虫在叶片上固定取食危害期，严重受害的柿树上蚧虫密度最高达 200 余头/叶，平均 16 头/叶。第二阶段在 9~10 月份，正是日本龟蜡蚧成虫危害期，此时属于柿子成熟期，1~2 年生枝条平均蚧虫密度 30 头/10 cm，雪白一片。

7 月份试验在中旬连续进行 3 天，每天分别 4 个试验时间段，即上午的 10：00、中午的 15：00、傍晚的 19：00 和第二天早上 7：00，对应于 MeJA 处理柿树后的 3、8、12 和 24h。这是为了掌握 MeJA 处理后的挥发物在一天中对红点唇瓢虫的招引活性变化节律，与日本龟蜡蚧危害的柿树进行对比。

9 月份试验在中旬进行，在用 MeJA 处理柿树后 3h、1d、3d、5d 分别进行瓢虫的趋性试验。并比较日本龟蜡蚧危害枝叶和不同剂量的 MeJA 处理枝叶对瓢虫的引诱效应。这是为了掌握 MeJA 处理后的挥发物吸引力的持续效应。

(三)样树的 MeJA 处理和枝叶的采集

MeJA 溶液的配制：MeJA（95％，Aldrich）的用量分别为 20μl、100μl、200μl 三个等级，用少量的 95％ 乙醇（分析纯）溶解，再加蒸馏水稀释为 100ml 的溶液。

样树喷雾：在实验林地内将配制好的 MeJA 溶液用喷雾器喷施到供试的健康柿树上。每次处理 3 株。

采样：在实验林地内，分别在预先选好 MeJA 处理的、虫害的和健康的各 3 株样树上，按照东南西北四个方位和上中下三个高度，用高枝剪剪取长度约 15 cm 的带叶样枝，其中虫害枝叶采集时连同上面的日本龟蜡蚧保持原状采下，放入标本盒，带回实验室，供试验使用。

(四)红点唇瓢虫的采集

红点唇瓢虫在华北地区是蚧虫和蚜虫的重要天敌，一年发生多代，在本试验林地是日本龟蜡蚧的优势天敌，它的成虫和幼虫都可以捕食日本龟蜡蚧的成虫、若虫和卵。在林地内采集瓢虫成虫置于标本盒中，带回实验室，让其禁食 24 h 后开始引诱反应试验。

(五)红点唇瓢虫对柿树新鲜枝叶的趋性试验方法

本试验采用"Y"型嗅觉仪法（参照陈华才等[117] 的方法并略有改进）。试验装置由"Y"型嗅觉仪、蒸馏水瓶、活性炭过滤器、通气泵连接而成。其中"Y"形嗅觉仪是自行设计的，其两管臂长 13cm，两臂夹角 60°，直管长 20cm，内径 2.5cm，接口均为标准磨口。通气泵是 QC-1 型大气采样仪，由北京劳动保护研究所生产。试验时，在"Y"型嗅觉仪上方 20cm 处安置一个 30W 日光灯以平衡照明，以减少自然光的变化对趋性试验的影响。

试验装置的连接如图 3-1，在气流进入味源瓶前先经过一个活性炭过滤器（a）和一个蒸馏水瓶（b），以净化空气和增加空气湿度。每臂管气体流量用通气泵（c）控制在 200ml/min。"Y"型嗅觉仪的两管臂（d）分别通过乳胶管与味源瓶（e）相连。试验时先行通气 10min，然后开始红点唇瓢虫趋性试验。试验时将瓢虫从直管入口逐头引入，观察其在 10min 内对味源的行为反应。当瓢虫向某一味源方向爬行到达或超过某臂的 1/3 处，并持续 1min 以上或一直到达出口的，记做对该气味源有趋性反应。如它们在 10min 内仍未作出选择，记为没有趋性反应。

红点唇瓢虫试验以 15 头瓢虫为一重复，每组设 6 个重复。在每个重复中当每测定 8 头后，清洗整个装置，并用 95% 酒精清洗、热风吹干，以消除上述味源残留，同时将嗅觉仪左右调换方位，以消除昆虫趋光性可能对试验结果的影响。每次重复都用不同的新鲜叶片，红点唇瓢虫的个体不重复使用。同时记录当天的天气及温、湿度情况。

试验数据统计分析采用卡方检验。

（六）红点唇瓢虫对柿叶粗提物的趋性试验方法

柿树叶挥发物的粗提物制备：将不同处理的新鲜柿树样叶采集带到实验室，分别制备。每次称取样叶 50g，粉碎，采用水浴蒸馏提取法[118]提取柿树叶挥发物的粗提物，水浴蒸馏用蒸馏水 200ml，时间 1h。收集馏分即为柿树叶挥发物粗提物。

瓢虫趋性反应测定方法，采用谢映平等[118]在测定异色瓢虫对花椒枝叶气味粗提物的趋性试验的方法。测试盒是一个长、宽、高各为 32cm、25cm、5.5cm 的标本盒，中央放一直径为 15cm、高 2.5cm 的硬纸片圈，圈上均匀的留有向下缺口，缺口高 2cm、宽 2cm，间隔 0.5cm，供试验时瓢虫在圈内外自由进出。瓢虫对新鲜叶片粗提物（虫害柿叶、MeJA 处理柿叶、健康柿叶）的趋向性测试时，将上述粗提物吸附在 4g 脱脂棉上，均匀放入纸片圈内一直径为 15cm 的透明塑料膜上，然后测试。每次测试在纸片圈的外围放入 15 头瓢虫，立刻用纱网覆盖，开始计时并观察瓢虫的活动情况。5min 后把盒子旋转 180°，以消除由光照和气流带来的影响。再过 5min 后记录进入圈内的瓢虫数量，计算趋向率。每次 15 头为一个重复，每组设 6 个重复。每个重复均更换新的脱脂棉浸以粗提物。瓢虫对蚧虫危害、茉莉酸甲酯处理、健康柿树的三种柿叶粗提物的趋性试验分别在不同的测试盒中进行。瓢虫不重复使用。同时记录当天的天气及温、湿度情况。

试验结果用卡方检验。

（七）应用 MeJA 增加红点唇瓢虫在林间的种群密度的方法

在日本龟蜡蚧危害的柿树林内，采用 MeJA 暴露法对柿树进行处理，具体做法是，先量取 MeJA200μl 和 400μl，用少量 95% 乙醇将 Me-JA 分别溶解，再吸附到脱脂棉上，然后放入棕色瓶中，置于树冠下，让气体自然挥发，对柿树进行诱导刺激。处理时间在每天傍晚，每个浓度处理相邻的 15 株柿树，连续处理 4d。在处理的次日中午 12：00 统计处理树上的瓢虫数量。对照林地与处理林地相距 200m，两林地状况及日本龟蜡蚧的危害程度都是一致的。试验结果进行卡方检验。

图3-1　红点唇瓢虫对柿树枝叶的趋性试验装置

Fig. 3-1　Tropism responseequipment of *C. kuwanae* to persimmon tree

二、外源信号 MeJA 诱导的柿树挥发物化学成分变化

(一)柿树挥发物成分的季节、昼夜、剂量变化和持续效应的试验设计

(1)蚜虫危害和 MeJA 诱导的柿树挥发物的季节变化。试验在 5 月、7 月、9 月份共进行 3 次，MeJA 处理采用喷雾法，每次处理 5 株健康样树。每株树用 20μl MeJA。首先将 MeJA 溶于 2ml 的 95% 乙醇中，然后再加水稀释为 100ml 水溶液，然后喷施到样树上。每次均为早上 7：00 处理，从 11：00 开始采集挥发气体，气体采样连续 4h，直到 15：00 结束。同时采集健康的和受日本龟蜡蚧危害的样树的挥发性气体，以便三者比较。挥发物化学成分分析采用溶剂洗脱 GC/MS 法。

(2)MeJA 诱导的柿树挥发物成分的昼夜变化。试验在 7 月份进行，处理方法与试验一相同。在早上 7：00 用 20μl MeJA 处理柿树后，在上午的 10：00、下午的 15：00、傍晚的 19：00 和第二天早上 7：00 收集挥发性气体(对应处理后的 3，8，12 和 24h)。同时在下午的 15：00 采集对照样树的挥发性气体，以便比较。采气时间各为 1h。挥发物化学成分分析采用 TCT-GC/MS 法。

(3)不同剂量的 MeJA 处理对柿树挥发物成分变化的影响。试验在 9 月份进行，MeJA 采用 20μl、100μl、200μl 三个剂量，处理方法与试验一相同。在上午 10：00 处理柿树，下午 13：00 即 MeJA 处理后 3h 收集挥发性气体。采气时间为 1h。挥发物化学成分分析采用 TCT-GC/MS 法。

(4)MeJA 处理后诱导柿树挥发物成分变化的持续效应。试验在 9 月份进行，每株树用 20μl 或 100μl MeJA。其他处理方法与试验一相同。在上午 10：00 处理柿树，在 MeJA 处理后 1d、3d、5d 收集柿树挥发性气体。挥发物收集在下午 13：00 进行。采气历时 1h。挥发物化学成分分析采用 TCT-GC/MS 法。

(二)柿树挥发性气体的收集方法

根据上述试验安排，在晴朗、无风的天气进行，在试验林 MeJA 处理的、蚧虫危害的、和健康的样树上确定标准枝条，采集其挥发物。

采样方法：实时动态顶空收集法。

采样装置：由透明塑料袋(长 120cm，宽 80cm，此袋自身挥发物释放量很小，可忽略)、大气采样仪(QC-1 型)、干燥塔(250ml)、采样管(15cm × 5mm)、装活性炭的玻璃管(12cm × 5mm)，乳胶管(Φ5mm)连接而成。

采样步骤：用透明塑料袋将标准样枝带叶片套住(不脱离树体)，接口处用脱脂棉裹住枝条并用绳子扎紧以防漏气；把装有活性炭的玻璃管从接口处通入袋内；再经过干燥塔连接大气采样仪出气口；采样前，在塑料袋底部开一小口排出袋内气体；再把采样管通入开口内，并扎紧连接大气采样仪进气口，以形成循环。采样气流量为 100ml/min。如果挥发物化学成分分析采用溶剂洗脱 GC/MS 法，采样时间为 4h。若挥发物化学成分分析采用热脱附 TCT-GC/MS 法，采样时间为 1h。采样完毕，立即用锡纸把采样管两端口密封，带入实验室放在玻璃干燥塔内室温(25 ±2℃)保存，随后进行分析。

(三)挥发物化学组分分析的两种方法

1. 溶剂洗脱 GC/MS 分析方法

使用的采样管内装吸附剂为 Porapak Q(80 ~ 100 目)(Alltech Deerfield, IL, USA)。GC/MS 分析仪型号：GC 为 CE Instrument 公司生产的 Trace™2000GC，色谱柱：DB-5MS/LB 柱 (30 m × 0.25 m ID, 0.25μm, Dikma, USA)。

步骤：

(1)洗脱：洗脱液是正己烷(色谱分析级，德国 RdH 公司)，每根采样管洗脱用 1ml 正己烷，分两次缓慢加入洗脱液，使其与吸附剂充分接触。

(2)浓缩：将收集到的洗脱液保存在样品瓶中，用氮气吹扫，使其浓缩至 300μl。

(3)加内标：内标样品是正辛烷(国家标准物质中心生产的色谱标样)，向上述浓缩的洗脱液中加入 10μl 包含有 38ng 正辛烷的正己烷作为内标，混匀后进样，进样量 1μl。

(4)GC/MS 分析：载气为氦气，流量 1.0ml/min；进样口温度 220℃，不分流模式。程序升温：40℃保持 3min 后，以 5℃/min 的速率升至 100℃，保持 10min，然后以 20℃/min 的速率升温至 290℃，保持 4min。

(5)挥发物的组分及其含量的确定：对每一挥发物组分的质谱峰与标准化合物的质谱峰进行联机数据库(NIST/EPA/NIH Mass Spectral library)检索，确定出各组分对应的化合物名称、分子式、分子量和分子结构式；用各组分的 GC 峰面积与内标物峰面积的比值计算出各组分的含量。

(6)数据分析：用 ANOVA 分析比较健康柿树、MeJA 处理的和受日本龟蜡蚧危害的柿树之间挥发性化合物的差别，并用 Tukey test 进行多重比较(SPSS V12.0，SPSS Inc.)。

2. 热脱附 GC/MS(TCT-GC/MS)分析方法

使用的采样管为 Sigma 采样管，内装吸附剂为 Tenax-GR(60-80目)。仪器：TCT-GC/MS 联用仪，TCT 为 Chrompack 公司生产，型号为 CPG-4010PTI/TCT，系统压力 20KPa；GC 型号为 CE Instrument 公司生产的 TraceTM2000GC，色谱柱：CP-Sil 8 Low Bleed/MS 柱〔60m × 0.32mm(id)，0.5μm〕，MS 型号为 Voyager MS(Finnigan Thermo-Quest)：EI 源，70eV；接口温度 250℃，源温 200℃，灯丝发射电流 150μA。

步骤：

(1)上样：把采样管直接上到 TCT-GC/MS 联用仪上，分析采集在管内的挥发物组分。

(2)GC/MS 分析：进样口温度 250℃，冷阱温度 -120℃（3min），热脱附温度 250℃（10min）；冷阱进样时温度 260℃。程序升温：40℃保持 3min 后，以 6℃/min 的速率升至 270℃，保持 3min，然后升温至 280℃，保持 5min。保留时间 5～46min。

(3)挥发物的组分及各组分的相对含量确定：对每一挥发物组分的质谱峰与标准化合物的质谱峰进行联机数据库（Nist Library）检索，对照确定相应的化合物名称、分子式、分子量和分子结构式；用挥发物各组分的 GC 峰面积与总峰面积的比值计算出各组分的相对含量。

（四）红点唇瓢虫对单组分味源的趋性试验方法

味源物质：α-蒎烯（α-Pinene，≥98.0%，Sigma 产品）；柠檬油精（D-Limonene，≥98.0%，Sigma 产品）；顺-3-己烯醇（3-Hexen-1-ol，≥98.0%，Fluka 产品）。

试验方法：将待测的试剂以液状石蜡为溶剂配制成 10^{-3} g/ml、10^{-4} g/ml、10^{-5} g/ml 和 10^{-6} g/ml 四个浓度梯度。测定红点唇瓢虫对于以上三种组分的趋性试验时，用移液管吸取 2ml 配制好的待测溶液，滴于滤纸上，并将此滤纸放入一味源瓶中，同时将滴有 2ml 液状石蜡的滤纸放入另一味源瓶中，作为对照。使用"Y"型嗅觉仪进行试验，方法同本书 87 页（五）。

II 研究结果

一、红点唇瓢虫对不同味源的趋性反应结果

（一）7 月份红点唇瓢虫的趋性反应结果

试验中观察发现，将红点唇瓢虫成虫引导进入"Y"嗅觉仪之后，它们多沿着管壁转圈，螺旋式地沿着管壁爬行前进，触角向上伸展并不停摆动，下唇须同时不断抖动，说明它正对味源进行感受和定位。

在 7 月份连续 3 天试验记录的数据显示，受到日本龟蜡蚧若虫危害的柿树枝叶作为味源，对红点唇瓢虫的吸引力在一天的 4 个时间段有波动效应（表3-1），最大的吸引力出现在下午 15：00，为 56.76%；其余三

个时间段 10：00，19：00 和第二天 7：00 的吸引力分别为 51.95%，54.67% 和 51.32%。对照树作为味源的吸引力依次为 43.24%，48.05%，45.33% 和 48.68%。统计分析显示，红点唇瓢虫对于日本龟蜡蚧若虫危害的柿树叶和健康柿树叶的趋性反应之间的差异没有达到显著性水平（$P > 0.05$）。每组试验的 90 头瓢虫，平均有 41 头趋向蚧虫危害的柿叶，而 35 头朝向健康的柿叶（图 3-2a）。所以得到的结论为，日本龟蜡蚧若虫的侵害不能诱导柿树释放足够的挥发物来吸引红点唇瓢虫。

表 3-1　红点唇瓢虫在 7 月份对日本龟蜡蚧若虫危害的柿树在 1 天中的趋性变化

Table 3-1　The variety of response during one day of *C. kuwanae* to the scale nymphs damaged persimmon trees in July

Odor source	R1			R2		
	Total No.	Tendency percent	χ^2-Test	Total No.	Tendency percent	χ^2-Test
D-a	39	52.70%	N. S.	42	53.16%	N. S.
UD-a	35	47.30%		37	46.84%	
D-b	41	53.95%	N. S.	40	55.56%	N. S.
UD-b	35	46.05%		32	44.44%	
D-c	38	51.35%	N. S.	44	55.70%	N. S.
UD-c	36	48.65%		35	44.30%	
D-d	37	52.11%	N. S.	38	51.35%	N. S.
UD-d	34	47.89%		36	48.65%	

Odor source	R3			Average		
	Total No.	Tendency percent	χ^2-Test	Total No.	Tendency percent	χ^2-Test
D-a	40	51.28%	N. S.	40	51.95%	N. S.
UD-a	38	48.72%		37	48.05%	
D-b	46	60.53%	N. S.	42	56.76%	N. S.
UD-b	30	39.47%		32	43.24%	
D-c	40	55.56%	N. S.	41	54.67%	N. S.
UD-c	32	44.44%		34	45.33%	
D-d	42	51.22%	N. S.	39	51.32%	N. S.
UD-d	40	48.78%		37	48.68%	

注：D 和 UD 表示受害和未受害柿树；a、b、c、d 代表 4 个时间段。

用 20μl MeJA 处理柿树以后，明显有更多的瓢虫趋向受处理的柿树味源（表 3-2）。显著的差异存在于处理组和对照组之间（$P < 0.05$）。图 3-2b 显示，在下午 15:00，平均有 61 头瓢虫趋向 MeJA 处理过的柿树叶，而 17 头趋向未受虫害的柿叶，相应的趋向率分别为 78.21% 和 21.79%，差异极显著（$P < 0.01$）。与此相似的结果出现在第二天早上 7:00，趋向处理过的柿树叶和对照的瓢虫比例分别是 73.42% 和 26.58%，二者具有极显著差异（$P < 0.01$）。而在 10:00 和 19:00 这两个时间段，瓢虫对二者的趋性并未表现出差异性。

表 3-2 红点唇瓢虫在 7 月份对 MeJA 处理的柿树在 1 天中的趋性变化

Table 3-2 The variety of response during one day of *C. kuwanae* to 20μl MeJA treated persimmon trees in July

Odor source	R1			R2		
	Total No.	Tendency percent	χ^2-Test	Total No.	Tendency percent	χ^2-Test
M_{20}-a	41	58.57%	N. S.	43	61.43%	N. S.
UT-a	29	41.43%		27	38.57%	
M_{20}-b	65	82.28%	* *	59	76.62%	* *
UT-b	14	17.72%		18	23.38%	
M_{20}-c	44	57.89%	N. S.	39	52.00%	N. S.
UT-c	32	42.11%		36	48.00%	
M_{20}-d	61	77.22%	* *	58	68.24%	* *
UT-d	18	22.78%		27	31.76%	

Odor source	R3			Average		
	Total No.	Tendency percent	χ^2-Test	Total No.	Tendency percent	χ^2-Test
M_{20}-a	45	60.00%	N. S.	43	59.72%	N. S.
UT-a	30	40.00%		29	40.28%	
M_{20}-b	60	75.00%	* *	61	78.21%	* *
UT-b	20	25.00%		17	21.79%	
M_{20}-c	41	57.75%	N. S.	41	55.41%	N. S.
UT-c	30	42.25%		33	44.59%	
M_{20}-d	55	74.32%	* *	58	73.42%	* *
UT-d	19	25.68%		21	26.58%	

注：D 和 UD 表示受害和未受害柿树；M_{20} 和 UT 表示 20μl MeJA 处理和未处理的柿树；a，b，c，d 代表 4 个时间段；R 表示重复。

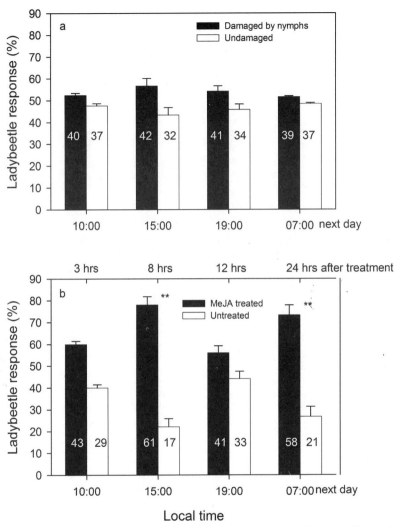

图 3-2　红点唇瓢虫在 7 月份 1 天中的四个时间段对于味源的趋向反应百分率

Fig. 3-2　Percentage of ladybeetle *C. kuwanae* response to the odors at
4 phases of one dayin July

注：（a）趋向健康的柿树叶与受到日本龟蜡蚧若虫危害的柿树叶的比较；
　　（b）趋向健康的柿树叶与 20 µl MeJA 处理的柿树叶趋向性比较

Notes：（a）comparison of response to the odors released from healthy persimmon trees and damaged by nymphs of Japanese wax scale；（b）comparison of response to the odors released from healthy persimmon trees and treated with 20 µl MeJA（ ＊ ＊ *P* < 0. 01）

从日本龟蜡蚧发育和危害特点来看，7 月份正是日本龟蜡蚧处于 1 龄或 2 龄若虫期，与成虫期相比其危害度强度较小，这可能是导致虫害树体引诱不明显的一个原因。而通过外源物质 MeJA 的诱导，使健康柿树表现出了明显的吸引效应。并且具有昼夜之间的差异，在 1d 当中 2 个明显的引诱效应都出现在白天。

(二)9 月份红点唇瓢虫的趋性试验结果

9 月连续 3 天的试验结果显示，受到日本龟蜡蚧成虫危害的柿树对红点唇瓢虫的吸引力在 1d 的 4 个时间段有波动效应（表 3-3）。从图 3-3 可知，在下午 15:00，试验的 90 头瓢虫平均有 61 头趋向虫害的柿叶，而 25 头朝向健康的柿叶，对虫害柿叶的趋向率为 70.93%，趋向对照

表 3-3　红点唇瓢虫在 9 月份对日本龟蜡蚧成虫危害的柿树在 1 天中的趋性变化

Table 3-3　The variety of response during one day of *C. kuwanae* to the adult scale damaged persimmon trees in Sep.

Odor source	R1			R2		
	Total No.	Tendency percent	χ^2-Test	Total No.	Tendency percent	χ^2-Test
D-a	42	52.50%	N. S.	46	60.53%	N. S.
UD-a	38	47.50%		30	39.47%	
D-b	66	78.57%	* *	58	65.91%	* *
UD-b	18	21.43%		30	34.09%	
D-c	42	50.60%	N. S.	45	53.57%	N. S.
UD-c	41	49.40%		39	46.43%	
D-d	41	51.25%	N. S.	42	51.22%	N. S.
UD-d	39	48.75%		40	48.78%	

Odor source	R3			Average		
	Total No.	Tendency percent	χ^2-Test	Total No.	Tendency percent	χ^2-Test
D-a	40	51.95%	N. S.	43	55.13%	N. S.
UD-a	37	48.05%		35	44.87%	
D-b	60	68.97%	* *	61	70.93%	* *
UD-b	27	31.03%		25	29.07%	
D-c	44	54.32%	N. S.	44	54.32%	N. S.
UD-c	31	45.68%		37	45.68%	
D-d	38	50.00%	N. S.	40	50.63%	N. S.
UD-d	38	50.00%		39	49.37%	

注：D 和 UD 表示受害和未受害柿树；a、b、c、d 代表 4 个时间段。

的比例为29.07%，二者之间差异极显著($P < 0.01$)；其余三个时间段10:00、19:00和第二天7:00的趋向率分别为55.13%，54.32%和50.63%，趋向对照的依次为44.87%，45.68%和49.37%。因此，在这三个时间段，瓢虫对于日本龟蜡蚧成虫危害的柿树叶和健康柿树叶的趋性反应没有显著的差异($P > 0.05$)。由此得到的结论是，日本龟蜡蚧成虫的危害可以诱导柿树在下午这个时间段释放具有招引效果的挥发物来吸引红点唇瓢虫。

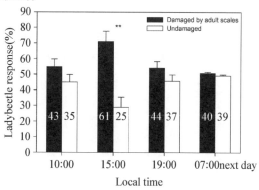

图3-3 红点唇瓢虫在9月份1d中的四个时间段对于味源的趋向反应百分率
Fig. 3-3 Percentage of ladybeetle *C. kuwanae* response to the odors at 4 phases of one dayin Sep.
注：趋向健康的柿树叶与受到日本龟蜡蚧成虫危害的柿树叶的比较。
Notes：comparison of response to the odors released from healthy persimmon trees and damaged by adults of Japanese wax scale（ $* * P < 0.01$ ）

在9月份用不同浓度的MeJA处理健康柿树研究其在5d之内对瓢虫吸引力的持续效应（表3-4），结果如下：应用20μl、100μl和200μl的MeJA处理柿树后，都可以诱导其产生对瓢虫的吸引力。其中最大引诱效应出现在200μlMeJA处理后3h时，在每次供试的90头瓢虫中，平均有61头朝向处理的柿叶，而17头朝向健康的柿叶，趋向率分别为78.21%和21.79%，差异极显著($P < 0.01$)。在200μlMeJA处理后1d时，90头瓢虫平均有56头朝向处理的柿叶，趋向性为75.68%，只有18头朝向健康柿叶，趋向性为24.32%，差异极显著($P < 0.01$)。另外两个浓度的MeJA处理后也都在3h到1d范围内显示出对柿树释放挥发物的诱导作用。其中20μlMeJA处理后3h和1d瓢虫对柿树的趋向率分

别为 76.62% 和 68.65%，趋向健康柿树的比率为 23.38% 和 31.35%（$P<0.01$）。100μlMeJA 处理后 3h 和 1d，情况与 20μl 处理的相似，处理后的柿树叶都能对瓢虫具有吸引力，与对照相比差异极显著（$P<0.01$）。瓢虫对处理后的柿叶趋向率分别为 68.35% 和 68.10%。在用 MeJA 处理后 3d 和 5d 的试验结果显示，处理后的柿叶对瓢虫的吸引力已经减弱。第 3d，红点唇瓢虫对三种浓度处理的柿叶趋向率分别为 54.65%、55.00% 和 55.84%，趋向对照的分别是 45.35%、45.00% 和 44.16%，差异不显著（$P>0.05$）。在处理后 5d，瓢虫对三种浓度处理的柿叶趋向率分别为 51.95%、51.22% 和 51.25%，与对照相比差异不显著（$P>0.05$）。由此看出，9 月份应用不同浓度的 MeJA 可以诱导柿树产生对红点唇瓢虫的吸引效应，引诱效应持续 1d 左右，从第 3d 后吸引力显著下降。

表 3-4 红点唇瓢虫在 9 月份对 3 种剂量的 MeJA 处理的和未处理的柿树的趋性反应比较

Table 3-4 Response of *C. kuwanae* to volatiles from persimmon trees treated with three doses of MeJA（M）and from untreated（UT）trees in September.

Odor source	3 h			1 day		
	No. responded	%	χ2 Test	No. responded	%	χ2 Test
M20	59	76.62	* *	46	68.65	* *
UT	18	23.38		21	31.35	
M100	54	68.35	* *	47	68.10	* *
UT	25	31.65		22	31.90	
M200	61	78.21	* *	56	75.68	* *
UT	17	21.79		18	24.32	
M20	47	54.65	N. S.	40	51.95	N. S.
UT	39	45.35		37	48.05	
M100	44	55.00	N. S.	42	51.22	N. S.
UT	36	45.00		40	48.78	
M200	43	55.84	N. S.	41	51.25	N. S.
UT	34	44.16		39	48.75	

注：M_{20}、M_{100}、M_{200} 表示 20μl、100μl 和 200μl MeJA 处理的柿树，UT 表示未处理柿树。

Note：M_{20}，M_{100}，M_{200} refers to the 20μl, 100μl and 200μl MeJA treated persimmon, respectively；UT refers to untreated persimmon trees.（* * $P<0.01$, N. S. means $P>0.05$）

9 月份比较了 MeJA 处理健康柿树，与日本龟蜡蚧危害柿树引起对瓢虫引诱力的差异，结果（表 3-5）显示：应用 20μlMeJA 处理健康柿树后 1d，供试的 90 头瓢虫平均有 35 头朝向处理柿叶，趋向率 46.05％，41 头朝向蚧虫危害的柿叶，趋向率为 53.95％，差异不显著（$P > 0.05$）。但是，应用 100μlMeJA 处理健康柿树后，供试的 90 头瓢虫平均有 25 头朝向处理柿叶，51 头朝向虫害柿叶，其趋向率分别为 32.89％和 67.11％，差异极显著（$P < 0.01$）。然而，当使用 MeJA 的剂量到 200μl，90 头瓢虫中平均有 38 头朝向处理柿叶，趋向率 46.91％，43 头朝向虫害柿叶，趋向率为 53.09％，差异不显著（$P > 0.05$）。由此看出，3 种剂量的 MeJA 处理柿树都能增加柿树对红点唇瓢虫的引诱力，取得与日本龟蜡蚧成虫危害相似的诱导效应。

表 3-5　红点唇瓢虫在 9 月份对茉莉酸甲酯处理的和日本龟蜡蚧危害的柿树的趋性反应比较

Table 3-5　Response of *C. kuwanae* to MeJA treated and wax scale damaged persimmon trees

Odor source	R1			R2		
	Total No.	Tendency percent	χ^2-Test	Total No.	Tendency percent	χ^2-Test
M_{20}	33	36.67%	N. S.	36	40.00%	N. S.
D	43	47.78%		39	43.33%	
M_{100}	23	31.08%	* *	27	35.06%	* *
D	51	68.92%		50	64.94%	
M_{200}	38	46.91%	N. S.	36	46.75%	N. S.
D	43	53.09%		41	53.25%	

Odor source	R3			Average		
	Total No.	Tendency percent	χ^2-Test	Total No.	Tendency percent	χ^2-Test
M_{20}	35	38.89%	N. S.	35	46.05%	N. S.
D	41	45.56%		41	53.95%	
M_{100}	25	32.47%	* *	25	32.89%	* *
D	52	67.53%		51	67.11%	
M_{200}	40	47.62%	N. S.	38	46.91%	N. S.
D	44	52.38%		43	53.09%	

注：D 和 UD 表示受害和未受害柿树；M_{20}、M_{100}、M_{200} 分别表示 20μl、100μl 和 200μl MeJA 处理的柿树；a，b，c，d 代表 4 个时间段；

* * $P < 0.01$，N. S. means $P > 0.05$

(三)红点唇瓢虫对柿树挥发物粗提物的趋性反应

采用柿树叶片挥发物的水浴蒸馏粗提物检验红点唇瓢虫的趋性反应，连续 3 天测试结果显示(表 3-6)，瓢虫对于日本龟蜡蚧成虫危害的和 MeJA 处理的柿树叶片的粗提物均具有趋向反应，在各自供试的 90 头瓢虫中，进入放置日本龟蜡蚧成虫危害的柿树叶片粗提物的平均有 50 头，趋向率为 55.56%。进入 MeJA 处理的柿树叶片的粗提物的平均 38 头，趋向率为 42.59%。而进入对照的平均只有 16 头，趋向率为 20.00%。它们之间达到了差异极显著和显著水平($P < 0.01$ 和 $P < 0.05$)。这与红点唇瓢虫对新鲜柿树枝叶的趋性反应是一致的。

表 3-6　红点唇瓢虫对于三种粗提物的趋性反应

Table 3-6　Taxis choice of *C. kuwanae* to the three types of crude extractions from the leaves of persimmon trees

Odor source	R1			R2		
	Total No.	Tendency percent	χ^2-Test	Total No.	Tendency percent	χ^2-Test
Control	20	22.22%	—	16	17.78%	—
Damaged	55	61.11%	* *	43	47.78%	* *
MeJA	37	41.11%	*	33	36.67%	*

Odor source	R3			Average		
	Total No.	Tendency percent	χ^2-Test	Total No.	Tendency percent	χ^2-Test
Control	27	30.00%	—	21	23.33%	—
Damaged	52	57.78%	* *	50	55.56%	* *
MeJA	45	50.00%	*	38	42.22%	*

Note：* * $P < 0.01$，* $P < 0.05$

(四)应用 MeJA 处理柿树提高红点唇瓢虫在林间的种群密度

2008 年 9 月份在日本龟蜡蚧危害的柿树林中用 MeJA 暴露法对正受害的柿树进行诱导处理，MeJA 用量为 200μl/株和 400μl/株，连续试验处理 4 天，每天对 15 株样树上红点唇瓢虫进行统计分析，结果显示(表 3-7)，用 200μl MeJA 处理 15 株虫害柿树，其 4 天中瓢虫总的聚集数量为 134、75、120、119 头；当用量提高 1 倍，达到 400μl 时，处理的虫害柿树其连续 4 天瓢虫的聚集数量分别为 167、138、115、144 头；与此对照，未处理的 15 株虫害柿树上聚集的瓢虫数为 45、31、32、35 头。表明经过 MeJA 处理，虫害柿树可以吸引更多的天敌昆虫，其差异极显著（$P < 0.01$）。并且，随着 MeJA 用量的增多，聚集的瓢虫数量也随之增加，呈正相关。由此可以得出，MeJA 的应用可以加强原本虫害柿树对天敌昆虫的吸引力，使得更多的红点唇瓢虫聚集到林地，增加其在林间的种群密度，以达到控制蚧虫的目的。

表 3-7　茉莉酸甲酯的应用对林间红点唇瓢虫种群密度的影响

Table3-7　Population variety of *C. kuwanae* in the damaged persimmon orchard affected by MeJA application

Total No.	1st day	2nd day	3rd day	4th day	Average	χ^2-test
Damaged	45	31	32	35	36	—
M_{200}	134	75	120	119	112	＊＊
M_{400}	167	138	115	144	141	＊＊

注：M_{200} 和 M_{400} 分别表示 200μl 和 400μl MeJA 处理的柿树；Damaged 表示受害柿树。

Note：M_{200} and M_{400} refer to the persimmon trees treated with 200μl and 400μl MeJA，Damaged means the damaged persimmon trees（＊＊$P < 0.01$）.

二、MeJA 诱导柿树挥发物成分的变化与红点唇瓢虫趋性之间的关系

（一）不同季节的影响

分别在 5 月、7 月和 9 月三个阶段采样，用溶剂洗脱 GC/MS 测试，研究 MeJA 和日本龟蜡蚧诱导柿树挥发物成分的变化，这三个阶段蚧虫分别处于春季老熟雌成虫在枝条上危害期、若虫在叶片上固定危害期、年轻雌成虫危害期。同时，柿树分别处于春末夏初的旺盛生长和开花期、夏季稳定生长期、秋季果实成熟期。在不同阶段 MeJA 和日本龟蜡蚧与柿树之间存在不同的相互作用的生化反应，这会导致其挥发物成分在种类和含量上的变化。

1.　5 月份柿树挥发物的化学成分

5 月份研究结果显示，MeJA 处理和日本龟蜡蚧危害都能引起柿树挥发物成分的变化，从化学组分的气相色谱图（图 3-4）可以看出，健康

的、受害的和 MeJA 处理的柿树挥发物样本之间存在一定的差别。它们的化学组分在健康的对照柿树挥发物中只包含 12 种化合物，而虫害树的样本中检出了 20 种，MeJA 处理的柿树中检出 17 种。三者的总挥发量依次为 9446 ng/h、36346 ng/h 和 19245ng/h，可见，虫害柿树的挥发量是对照的健康柿树的 4 倍，MeJA 处理的是对照树的 2 倍。这说明 MeJA 的应用和日本龟蜡蚧的危害都可以诱导柿树释放比健康柿树显著多的挥发性物质。

比较 MeJA 处理和日本龟蜡蚧危害柿树挥发物的化学组分（表 3-8），将从上述三种挥发物样本中分析得到的 22 种挥发物成分分为 6 组，分别是萜烯类 8 种、醇类 1 种、酯类 2 种、烃类 8 种、醛类 2 种和酚类 1 种。前三组通常被认为是与吸引天敌相关的组分。第一组 8 种萜烯类化合物在对照中就有 6 种没有检测到，即 3-崖柏烯、4[10]-崖柏烯、α-蒎烯、2[10]-蒎烯、β-蒎烯和柠檬油精，它们作为新物质出现在蚧虫危害的柿树挥发物成分中，其中 3-崖柏烯、α-蒎烯和柠檬油精也出现在 MeJA 处理的柿树挥发物中；虽然反式-罗勒烯在三种柿树挥发物中都检出，但在虫害的和 MeJA 处理的挥发物中含量大大地提高了，与对照相比差异极显著（$P < 0.01$）。第二组包含 1 种 3-己烯醇，它在虫害和 MeJA 处理的挥发物中显示出很高的含量，分别为 1683ng/h 和 1490ng/h，与对照的 482ng/h 相比，差异极显著（$P < 0.01$）。第三组的 2 种酯类物质，其中酞酸二丁酯在虫害柿树和 MeJA 处理的柿树挥发物中都增加了含量。另外一种为酞酸丁基辛基酯，是新增加的组分，在虫害和 MeJA 处理的挥发物中都存在。烃类物质作为第 4 组成分，在虫害和 MeJA 处理的挥发物中组分种类和含量与对照的相比也都有所增加。第 5 组的醛类物质之一的 2-己烯醛只在对照挥发物中出现，与此不同的是壬醛在虫害和 MeJA 处理中含量得到了提高。仅有的 1 种酚类为 2，4-二叔丁基苯酚，三者差异不显著。

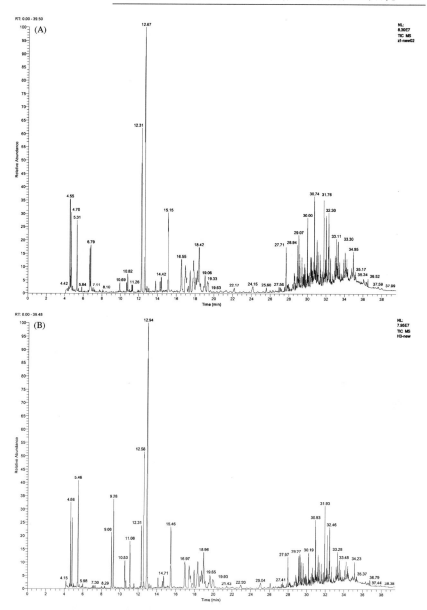

图 3-4(1) 健康枝叶挥发物(A),虫害枝叶挥发物(B)和 MeJA 处理
枝叶挥发物(C) 5 月份的 GC/MS 色谱检测图

Fig. 3-4(1) GC/MSchromatogram of volatiles from control (A), damaged (B)
and MeJA treated (C) persimmon trees in May

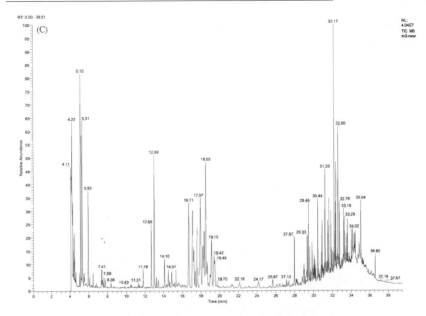

图 3-4（2） 健康枝叶挥发物（A），虫害枝叶挥发物（B）和 MeJA 处理
枝叶挥发物（C）5 月份的 GC/MS 色谱检测图

Fig. 3-4（2） GC/MSchromatogram of volatiles from control（A），damaged（B）
and MeJA treated（C）persimmon trees in May

表 3-8 5 月份对照、虫害、MeJA 处理的柿树挥发物的化学成分

Table 3-8 The compounds of the volatiles from the control, damaged and
MeJA treated persimmon trees in May

化合物 Compound	分子式 Molecular formula	挥发量 Emissions		
		对照 Control	虫害 Damaged	处理 MeJA
I 萜烯类化合物 Terpenoid compound				
3-崖柏烯 3-Thujene	$C_{10}H_{16}$	$0 \pm 0a$	$2090 \pm 321c$	$833 \pm 398b$
4[10]-崖柏烯 4[10]-Thujene	$C_{10}H_{16}$	$0 \pm 0a$	$1053 \pm 192b$	$0 \pm 0a$
α-蒎烯 α-Pinene	$C_{10}H_{16}$	$0 \pm 0a$	$3660 \pm 510c$	$1962 \pm 368b$
2[10]-蒎烯 2[10]- Pinene-[1S，5S]-[-]	$C_{10}H_{16}$	$0 \pm 0a$	$343 \pm 55b$	$0 \pm 0a$

（续）

化合物 Compound	分子式 Molecular formula	挥发量 Emissions		
		对照 Control	虫害 Damaged	处理 MeJA
β-蒎烯 β-Pinene	$C_{10}H_{16}$	$0 \pm 0a$	$1550 \pm 356b$	$0 \pm 0a$
柠檬油精 Limonene	$C_{10}H_{16}$	$0 \pm 0a$	$3610 \pm 996c$	$1088 \pm 291b$
反式-罗勒烯 β-trans-Ocimene	$C_{10}H_{16}$	$847 \pm 374a$	$9078 \pm 1350c$	$3165 \pm 498b$
顺式-罗勒烯 β-cis-Ocimine	$C_{10}H_{16}$	$1817 \pm 404b$	$0 \pm 0a$	$1500 \pm 259b$
II 醇类化合物 Alcohol compound				
3-己烯醇 3-Hexen-1-ol	$C_6H_{12}O$	$482 \pm 115a$	$1683 \pm 398b$	$1490 \pm 110b$
III 酯类化合物 Ester compound				
酞酸二丁酯 Dibutyl phthalate	$C_{16}H_{22}O_4$	$1210 \pm 196a$	$2145 \pm 178a$	$1573 \pm 382a$
酞酸丁基辛基酯 Phthalic acid, butyloctylester	$C_{20}H_{30}O_4$	$0 \pm 0a$	$2193 \pm 342c$	$785 \pm 211b$
IV 烃类化合物 Hydrocarbon compound				
金刚烷 Adamantane	$C_{10}H_{16}$	$127 \pm 57a$	$463 \pm 66a$	$268 \pm 31a$
十二烷 Dodecane	$C_{12}H_{26}$	$0 \pm 0a$	$525 \pm 75b$	$460 \pm 45b$
十四烷 Tetradecane	$C_{14}H_{30}$	$247 \pm 109a$	$888 \pm 136b$	$645 \pm 198b$
2，7，10-三甲基十二烷 Dodecane, 2, 7, 10-trimethyl	$C_{15}H_{32}$	$0 \pm 0a$	$385 \pm 84b$	$0 \pm 0a$
十六烷 Hexadecane	$C_{16}H_{34}$	$1318 \pm 164a$	$1806 \pm 415a$	$1083 \pm 312a$
十七烷 Heptadecane	$C_{17}H_{36}$	$0 \pm 0a$	$1788 \pm 233c$	$880 \pm 221b$

（续）

化合物 Compound	分子式 Molecular formula	挥发量 Emissions		
		对照 Control	虫害 Damaged	处理 MeJA
二十一烷 Heneicosane	$C_{21}H_{44}$	$1251 \pm 237a$	$958 \pm 214a$	$943 \pm 205a$
甘二烷 Docosane	$C_{22}H_{46}$	$1120 \pm 238a$	$1113 \pm 198a$	$2190 \pm 464b$
V 醛类化合物 Aldehyde compound				
2-己烯醛 2-Hexenal	$C_6H_{10}O$	$430 \pm 93b$	$0 \pm 0a$	$0 \pm 0a$
壬醛 Nonanal	$C_9H_{18}O$	$167 \pm 7a$	$305 \pm 28a$	$270 \pm 148a$
VI 酚类化合物 hydroxybenzene compound				
2.4-二叔丁基苯酚 Pheol，2.4-di-tert-butyl-	$C_{14}H_{22}O$	$430 \pm 85a$	$710 \pm 191a$	$510 \pm 123a$

Notes：Different letters in the same row indicate significant differences among treatments.

从图3-5可知，在5月份当柿树受到日本龟蜡蚧危害和MeJA处理后，绝大多数的萜烯类、醇类和酯类化合物较对照的健康柿树而言明显增多，变化较为明显的是萜烯类的3-崖柏烯、α-蒎烯、柠檬油精、反式-罗勒烯、醇类的3-己烯醇以及酯类的酞酸丁基辛基酯。其中前3种是受害和处理后柿树挥发物中的新增物质。与之相反的是顺式-罗勒烯在健康的柿树挥发物中含量最高，受害树中未出现，在处理树挥发物中存在，含量低于对照树。

2. 7月份柿树挥发物的化学成分

7月份对MeJA处理的、日本龟蜡蚧危害的和健康柿树的挥发物进行测试比较，结果显示（图3-6），三者之间存在一定的差别。健康的对照柿树挥发物中只包含12种化合物，而虫害的和MeJA处理的柿树中分别检出了19种和22种，比对照增加了7种和10种。从挥发物的含量上看（表3-9），健康的柿树挥发量为8322ng/h，而虫害和MeJA处理的是28810ng/h和24494ng/h，分别是对照的3.5倍和3倍。这说明在

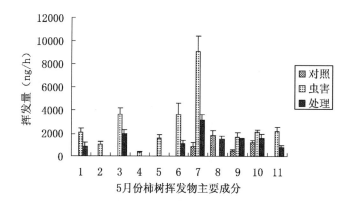

**图 3-5　5 月份对照、虫害、MeJA 处理的柿树挥发物
成分及其挥发量的比较**

Fig. 3-5　Comparison of the compounds and their emissions among the control，
damaged and MeJA treated persimmon trees in May

注：1～11 分别代表 3-崖柏烯、4[10]-崖柏烯、α-蒎烯、2[10]-蒎烯、
β-蒎烯、柠檬油精、反式-罗勒烯、顺式-罗勒烯、3-己烯醇、酞酸二丁酯和
酞酸丁基辛基酯

Notes：1～11 refer to 3-Thujene, 4[10]-Thujene, α-Pinene, 2[10]-Pinene-
[1S, 5S]-[-], β-Pinene, Limonene, β-trans-Ocimene, β-cis-Ocimine, 3-Hex-
en-1-ol, Dibutyl phthalate and Phthalic acid, butyloctylester.

7 月份应用 MeJA 处理柿树可以取得与日本龟蜡蚧危害相似的结果，不
仅增加了挥发物总的含量而且有新的组分出现。

　　同样将在三种类型的挥发物样本中检测到的 24 种挥发物成分分为
4 组，分别是萜烯类 7 种、醇类 5 种、酯类 3 种、烃类 9 种。7 种萜烯
类化合物的 5 种，分别是 3-崖柏烯、4[10]-崖柏烯、α-蒎烯、β-蒎烯和
柠檬油精，在对照中没有被检出。它们全部出现在虫害柿树的挥发物成
分中，其中有 4 种组分即 3-崖柏烯、4[10]-崖柏烯、α-蒎烯和柠檬油精
也出现在 MeJA 处理的柿树挥发物成分中。反式-罗勒烯在三种柿树挥
发物中都出现，但虫害和 MeJA 处理的含量得到了很大的提高。相反，
顺式-罗勒烯在虫害和 MeJA 处理的挥发物中减少了含量，差异极显著
（$P < 0.01$）。第二组为 5 种醇类物质，在对照的挥发物样本中均未出
现，在虫害的柿树挥发物中只有 1 种为 3-己烯醇，挥发量 385ng/h。同
样的物质在 MeJA 处理过的柿树挥发物中具有很高的含量，达到

3415ng/h，与对照比差异极显著（$P < 0.01$）。另外还有 4 种新增加的醇类物质在 MeJA 处理的柿树挥发物中都被检出，它们是 2-己烯醇、3，4-二甲基戊醇、沉香醇和壬烯醇。第三组的 3 种酯类物质中乙酸己烯酯只在虫害和处理的挥发物中检测到，为新增加的组分。另外两种酞酸丁基辛基酯和双酞酸 2-乙基己酯在虫害和 MeJA 处理后都提高了本身的含量。第 4 组的烃类物质在虫害和 MeJA 处理的挥发物中，与对照相比总的趋势为各组分的含量增加。

从图 3-7 可知，在 7 月份，健康的、日本龟蜡蚧危害的和 MeJA 处理的柿树挥发物的萜烯类、醇类和酯类物质中有 6 种化合物变化明显，其中 3-己烯醇、双酞酸 2-乙基己酯在受害和 MeJA 处理后增长最为显著，另外反式-罗勒烯、乙酸己烯酯和酞酸丁基辛基酯也有一定的增幅，在这 5 种化合物中 3-己烯醇和乙酸己烯酯是受害和处理后柿树挥发物中的新增产物。相反的是顺式-罗勒烯在健康的柿树挥发物中含量很高，受害和处理后含量下降很多。

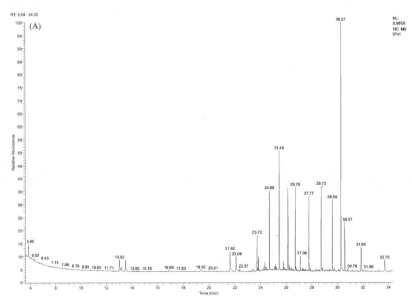

图 3-6(1)　健康枝叶挥发物(A)，虫害枝叶挥发物(B)和 MeJA
处理枝叶挥发物(C) 7 月份的 GC/MS 色谱检测图

Fig. 3-6(1)　GC/MSchromatogram of volatiles from control（A），damaged（B）and MeJA treated（C）persimmon trees in July

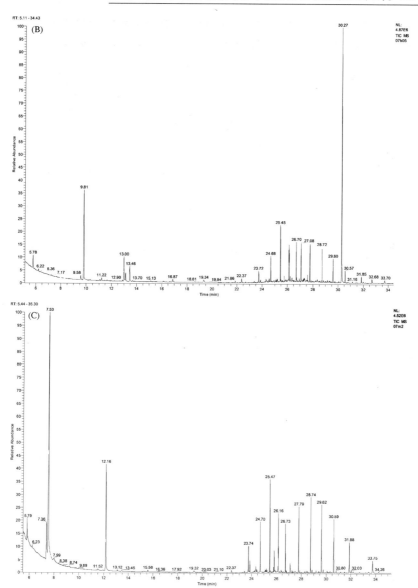

图 3-6(2) 健康枝叶挥发物(A),虫害枝叶挥发物(B)和 MeJA
处理枝叶挥发物(C) 7 月份的 GC/MS 色谱检测图

Fig. 3-6(2) GC/MSchromatogram of volatiles from control (A), damaged (B)
and MeJA treated (C) persimmon trees in July

表 3-9 7 月份对照、虫害、MeJA 处理柿树挥发物的化学成分

Table 3-9 The compounds of the volatiles from the control, damaged
and MeJA treated persimmon trees in July

化合物 Compound	分子式 Molecular formula	挥发量 Emissions		
		对照 Control	虫害 Damaged	处理 MeJA
I 萜烯类化合物 Terpenoid compound				
3-崖柏烯 3-Thujene	$C_{10}H_{16}$	$0 \pm 0a$	$133 \pm 59b$	$94 \pm 27b$
4[10]-崖柏烯 4[10]-Thujene	$C_{10}H_{16}$	$0 \pm 0a$	$22 \pm 8a$	$242 \pm 76b$
α-蒎烯 α-Pinene	$C_{10}H_{16}$	$0 \pm 0a$	$262 \pm 104c$	$106 \pm 24b$
β-蒎烯 β-Pinene	$C_{10}H_{16}$	$0 \pm 0a$	$115 \pm 56b$	$0 \pm 0a$
柠檬油精 Limonene	$C_{10}H_{16}$	$0 \pm 0a$	$191 \pm 71b$	$83 \pm 19ab$
反式-罗勒烯 β-trans-Ocimene	$C_{10}H_{16}$	$178 \pm 65a$	$787 \pm 316b$	$262 \pm 58ab$
顺式-罗勒烯 β-cis-Ocimine	$C_{10}H_{16}$	$2481 \pm 844c$	$1219 \pm 573b$	$509 \pm 194a$
II 醇类化合物 Alcohol compound				
2-己烯醇 2-Hexen-1-ol	$C_6H_{12}O$	$0 \pm 0a$	$0 \pm 0a$	$363 \pm 116b$
3-己烯醇 3-Hexen-1-ol	$C_6H_{12}O$	$0 \pm 0a$	$385 \pm 196a$	$3415 \pm 1873b$
3,4-二甲基戊醇 3,4-Dimethylpentanol	$C_7H_{16}O$	$0 \pm 0a$	$0 \pm 0a$	$50 \pm 23b$
沉香醇 Linalool	$C_{10}H_{18}O$	$0 \pm 0a$	$0 \pm 0a$	$67 \pm 38b$
壬烯醇 3-nonen-ol	$C_9H_{18}O$	$0 \pm 0a$	$0 \pm 0a$	$163 \pm 95b$

（续）

化合物 Compound	分子式 Molecular formula	挥发量 Emissions		
		对照 Control	虫害 Damaged	处理 MeJA
III 酯类化合物 Ester compound				
乙酸己烯酯 3-Hexenyl-acetate	$C_8H_{14}O_2$	$0 \pm 0a$	$234 \pm 110a$	$896 \pm 262b$
酞酸丁基辛基酯 Phthalic acid, butyloctylester	$C_{20}H_{30}O_4$	$127 \pm 56a$	$826 \pm 190b$	$212 \pm 96a$
双酞酸 2-乙基己酯 Bis［2-ethylhexyl］phthalate	$C_{24}H_{38}O_4$	$73 \pm 29a$	$4694 \pm 1863c$	$595 \pm 147b$
IV 烃类化合物 Hydrocarbon compound				
十二烷 Dodecane	$C_{12}H_{26}$	$285 \pm 50a$	$488 \pm 169b$	$639 \pm 263c$
十五烷 Tetradecane	$C_{15}H_{32}$	$0 \pm 0a$	$903 \pm 475b$	$714 \pm 313b$
2,7,10-三甲基十二烷 Dodecane,2,7,10-trimethyl	$C_{15}H_{32}$	$144 \pm 57a$	$554 \pm 268b$	$0 \pm 0a$
1,1-二甲基-2,4-二异丙基环己胺 Cyclohexane, 2,4-diisopropyl-1,1-dimethyl-	$C_{14}H_{28}$	$1015 \pm 293a$	$5945 \pm 2119b$	$8391 \pm 1635b$
十六烷 Hexadecane	$C_{16}H_{34}$	$1373 \pm 652a$	$3520 \pm 1239b$	$3711 \pm 1087b$
十八烷 Octadecane	$C_{18}H_{38}$	$374 \pm 159b$	$0 \pm 0a$	$723 \pm 242c$
十九烷 Nonadecane	$C_{19}H_{40}$	$1571 \pm 498a$	$5160 \pm 1960b$	$2013 \pm 508a$
二十一烷 Heneicosane	$C_{21}H_{44}$	$590 \pm 306a$	$2702 \pm 864b$	$763 \pm 297a$
2,6,10,15-四甲基十七烷 2,6,10,15-tetramethyl- Heptadecane	$C_{21}H_{44}$	$121 \pm 60a$	$670 \pm 294c$	$480 \pm 172b$

Notes：Different letters in the same row indicate significant differences among treatments.

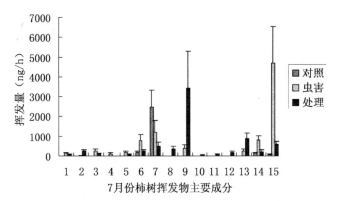

7月份柿树挥发物主要成分

图 3-7 7 月份对照、虫害、MeJA 处理的柿树挥发物成分及其挥发量的比较
Fig. 3-7   Comparison of the compounds and emissions among control, damaged and MeJA treated persimmon trees in July

注：1~15 分别代表 3-崖柏烯、4[10]-崖柏烯、α-蒎烯、β-蒎烯、柠檬油精、反式-罗勒烯、顺式-罗勒烯、2-己烯醇、3-己烯醇、3，4-二甲基戊醇、沉香醇、壬烯醇、乙酸己烯酯、酞酸丁基辛基酯和双酞酸 2-乙基己酯。

Notes：1 ~ 15 refer to 3-Thujene, 4[10]-Thujene, α-Pinene, β-Pinene, Limonene, β-trans-Ocimene, β-cis-ocimine, 2-hexen-1-ol, 3-Hexen-1-ol, 3, 4-Dimethylpentanol, Linalool, 3-nonen-ol, 3-Hexenyl-acetate, Phthalic acid, butyloctylester and Bis[2-ethylhexyl] phthalate.

3. 9 月份柿树挥发物的化学成分

9 月份对 MeJA 处理的、日本龟蜡蚧危害的和健康柿树的挥发物进行测试比较，结果显示(图 3-8)，三者之间存在一定的差别。健康的对照柿树挥发物中只包含 13 种化合物，而虫害的和 MeJA 处理的柿树中分别检出了 21 种和 15 种，比对照增加了 8 种和 2 种。从挥发物的含量上看(表 3-10)，健康的柿树挥发量为 13560 ng/h，而虫害和 MeJA 处理的是 71511 ng/h 和 37193ng/h，分别是对照的 5 倍和 2 倍。这说明 MeJA 的应用和日本龟蜡蚧的危害在 9 月份同样可以诱导柿树释放更多的挥发性物质；同时增加挥发物的种类。

同样将在三种类型的挥发物样本中检测到的 24 种挥发物成分归为 5 组，分别是萜烯类 9 种、醇类 3 种、酯类 2 种、烃类 8 种和酮类 2 种。第一组 9 种萜烯类化合物在对照中只有顺式-罗勒烯出现，蚧虫危害的柿树挥发物中有极少的含量，MeJA 处理的挥发物中没有检测到。其余的8种分别是3-崖柏烯、4[10]-崖柏烯、α-蒎烯、β-蒎烯、崁烯、柠檬油精、反式-罗勒烯和法尼烯，都出现在虫害的柿树挥发物成分中，其中的4种3-崖柏烯、4[10]-崖柏烯、α-蒎烯和柠檬油精也出现在MeJA处理的成分中，与对照相比差异极显著($P < 0.01$)。9种萜烯类化合物中α-蒎烯挥发量最大，在虫害的和MeJA处理的柿树挥发物中达到了20223ng/h和12129ng/h，而健康的对照柿树挥发物中没有该化合物，变化最为明显。第二组包含3种醇类物质，其中己烯醇只在蚜虫危害和MeJA处理的挥发物中出现，挥发量分别为400ng/h和304ng/h，与对照相比差异极显著($P < 0.01$)。2-乙基己醇在三种挥发物中都存在，但与对照的638ng/h相比，在蚜虫危害和MeJA处理的挥发物中显示出较高的含量分别为1503ng/h和1484ng/h。另一种醇类物质壬烯醇作为独有组分出现在MeJA处理后的柿树挥发物中，挥发量104ng/h。第三组的2种酯类物质酞酸丁基辛基酯和双酞酸2-乙基己酯在三种挥发物中都

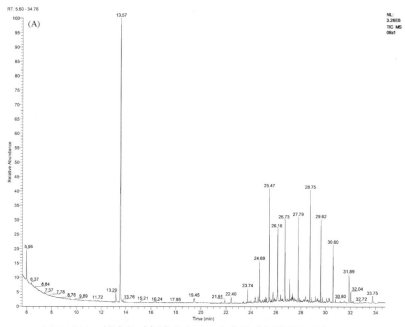

图3-8(1)　健康枝叶挥发物(A)，虫害枝叶挥发物(B)和MeJA处理枝叶挥发物(C) 9月份的 GC/MS 色谱检测图

Fig. 3-8(1)　GC/MSchromatogram of volatiles from control (A), damaged (B) and MeJA treated (C) persimmon trees in Sep.

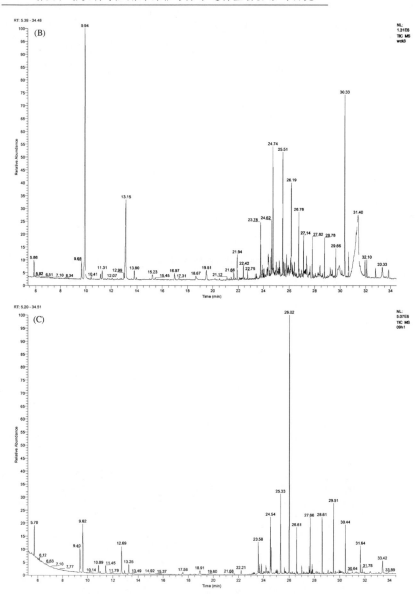

**图 3-8(2)　健康枝叶挥发物(A)，虫害枝叶挥发物(B)和 MeJA
处理枝叶挥发物(C) 9 月份的 GC/MS 色谱检测图**

Fig. 3-8(2)　GC/MSchromatogram of volatiles from control（A），damaged（B）
and MeJA treated（C）persimmon trees in Sep.

存在,但是虫害和 MeJA 处理后含量都有所提高,与对照树相比差异极显著($P < 0.01$)。同样的,烃类物质在虫害和处理的柿树挥发物中的含量与对照相比也都有所增加。最后 1 组的 3,4-二甲基苯乙酮和 2,4-二甲基苯乙酮只在对照柿树挥发物中出现。

表 3-10 9 月份对照、虫害、MeJA 处理的柿树挥发物的化学成分

Table 3-10 The compounds of the volatiles from the control, damaged and

MeJA treated persimmon trees in Sep.

化合物 Compound	分子式 Molecular formula	挥发量 Emissions		
		对照 Control	虫害 Damaged	处理 MeJA
I 萜烯类化合物 Terpenoid compound				
3-崖柏烯 3-Thujene	$C_{10}H_{16}$	$0 \pm 0a$	$6071 \pm 2530c$	$963 \pm 212b$
4[10]-崖柏烯 4[10]-Thujene	$C_{10}H_{16}$	$0 \pm 0a$	$1445 \pm 629c$	$275 \pm 96b$
α-蒎烯 α-Pinene	$C_{10}H_{16}$	$0 \pm 0a$	$20223 \pm 6842c$	$12129 \pm 4551b$
β-蒎烯 β-Pinene	$C_{10}H_{16}$	$0 \pm 0a$	$2207 \pm 1300b$	$0 \pm 0a$
莰烯 Camphene	$C_{10}H_{16}$	$0 \pm 0a$	$511 \pm 243b$	$0 \pm 0a$
柠檬油精 Limonene	$C_{10}H_{16}$	$0 \pm 0a$	$623 \pm 307b$	$455 \pm 116b$
反式-罗勒烯 β-trans-Ocimene	$C_{10}H_{16}$	$0 \pm 0a$	$89 \pm 47b$	$0 \pm 0a$
顺式-罗勒烯 β-cis-Ocimine	$C_{10}H_{16}$	$2147 \pm 932b$	$32 \pm 11a$	$0 \pm 0a$
法尼烯 Farnesene	$C_{15}H_{24}$	$0 \pm 0a$	$54 \pm 22b$	$0 \pm 0a$
II 醇类化合物 Alcohol compound				
己烯醇 3-Hexen-1-ol	$C_6H_{12}O$	$0 \pm 0a$	$400 \pm 124b$	$304 \pm 158b$
2-乙基己醇 1-Hexanol, 2-ethyl	$C_8H_{18}O$	$638 \pm 291a$	$1503 \pm 667b$	$1484 \pm 381b$

（续）

化合物 Compound	分子式 Molecular formula	挥发量 Emissions		
		对照 Control	虫害 Damaged	处理 MeJA
壬烯醇 3-Nonen-ol	$C_9H_{18}O$	$0 \pm 0a$	$0 \pm 0a$	$106 \pm 44b$
Ⅲ 酯类化合物 Ester compound				
酞酸丁基辛基酯 Phthalic acid, butyloctylester	$C_{20}H_{30}O_4$	$382 \pm 108a$	$1095 \pm 493b$	$2171 \pm 328b$
双酞酸2-乙基己酯 Bis[2-ethylhexyl] phthalate	$C_{24}H_{38}O_4$	$2284 \pm 573a$	$12363 \pm 4491c$	$6058 \pm 2637b$
Ⅳ 烃类化合物 Hydrocarbon compound				
十一烷 Undecane	$C_{11}H_{24}$	$0 \pm 0a$	$645 \pm 337b$	$0 \pm 0a$
十二烷 Dodecane	$C_{12}H_{26}$	$284 \pm 53a$	$799 \pm 302b$	$1525 \pm 663c$
十四烷 Tetradecane	$C_{14}H_{30}$	$346 \pm 183a$	$55 \pm 20a$	$792 \pm 264b$
2, 7, 10-三甲基十二烷 Dodecane, 2, 7, 10-trimethyl	$C_{15}H_{32}$	$183 \pm 66a$	$1155 \pm 745b$	$202 \pm 63a$
十六烷 Hexadecane	$C_{16}H_{34}$	$2170 \pm 836a$	$9010 \pm 3381b$	$3422 \pm 182a$
十九烷 Nonadecane	$C_{17}H_{36}$	$2633 \pm 202a$	$10220 \pm 3641c$	$5698 \pm 787b$
二十一烷 Heneicosane	$C_{21}H_{44}$	$974 \pm 260a$	$2171 \pm 735b$	$1605 \pm 490ab$
四十四烷 Tetratetracontane	$C_{44}H_{90}$	$290 \pm 77a$	$840 \pm 365b$	$0 \pm 0a$
Ⅴ 酮类化合物 ketone compound				
3, 4-二甲基苯乙酮 Ethanone, 1-[3, 4-dimethylphe-nyl]	$C_{10}H_{12}O$	$664 \pm 155b$	$0 \pm 0a$	$0 \pm 0a$
2, 4-二甲基苯乙酮 Ethanone, 1-[2, 4-dimethylphe-nyl]	$C_{10}H_{12}O$	$565 \pm 210b$	$0 \pm 0a$	$0 \pm 0a$

Notes: Different letters in the same row indicate significant differences among treatments.

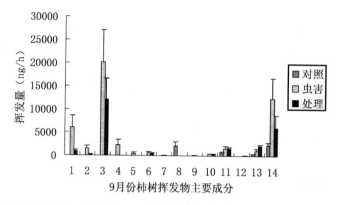

图 3-9　9 月份对照、虫害、MeJA 处理的柿树挥发物成分及其挥发量的比较

Fig. 3-9　Comparison of the compounds and emissions among control, damaged and Me-JA treated twigs and leaves of persimmon trees in Sep.

注：1 ~ 14 分别代表 3-崖柏烯、4[10]-崖柏烯、α-蒎烯、β-蒎烯、莰烯、柠檬油精、反式-罗勒烯、顺式-罗勒烯、法尼烯、3-己烯醇、2-乙基己醇、壬烯醇、酞酸丁基辛基酯和双酞酸 2-乙基己酯。

Notes：1 ~ 14 refer to 3-Thujene, 4[10]-Thujene, α-Pinene, β-Pinene, Camphene, Limonene, β-trans-Ocimene, β-cis-Ocimine, Farnesene, 3-Hexen-1-ol, 1-Hexanol, 2-ethy, 3-Nonen-ol, Phthalic acid, butyloctylester and Bis[2-ethylhexyl] phthalate.

从图 3-9 可知，在 9 月份当柿树受到日本龟蜡蚧危害和 MeJA 处理后，绝大多数萜烯类、醇类和酯类化合物较对照的健康柿树而言明显增多，3-崖柏烯、α-蒎烯和双酞酸 2-乙基己酯最为明显。相反的是健康树中含量很高的顺式-罗勒烯在受害的柿树挥发物中极少量存在且在处理树中未检测到。

综上所述，在 5、7、9 三个月份中，日本龟蜡蚧的危害和 MeJA 的诱导都可以引起柿树挥发物中具有吸引力的萜烯类、醇类和酯类化合物组分的增多和挥发量的急剧增加。而 MeJA 的诱导可以产生与日本龟蜡蚧危害相类似的效果，处理的柿树和对照树相比，无论是挥发量还是组分也都有明显的改变。在 7 月份日本龟蜡蚧若虫危害的柿树挥发物成分中萜烯类物质的含量很低，与之对应的是瓢虫对受害柿树没有明显的趋性反应。在用 MeJA 处理健康的柿树后，其挥发物成分中新增物质 3-己烯醇的含量很高，与对照相比差异极显著，而处理后的柿树挥发物对瓢虫具有招引效应。在 9 月份，日本龟蜡蚧成虫和 MeJA 处理的柿树能够吸引瓢虫，对应于受害树、处理树挥发物和健康树相比，萜烯类、醇类和酯类化合物明显增多，尤其是 α-蒎烯含量急剧增加。此外，发现顺式-罗勒烯在健康的柿树挥发物中含量很高，受害和处理后含量均有大幅度的下降。由此可知，3-己烯醇和 α-蒎烯的变化与瓢虫趋性反应正相关，是对瓢虫起招引作用的物质，而顺式-罗勒烯的变化正好相反，对瓢虫不具有引诱活性。

（二）昼夜变化的影响

1. MeJA 处理对柿树挥发物化学成分的改变

为了研究 MeJA 处理对柿树挥发物化学成分的昼夜变化，我们首先试验 MeJA 处理柿树的挥发物与健康对照树之间的差别。试验在 7 月份进行，用 20μlMeJA 处理柿树后 8h，即下午 15：00，同时采集处理的和未处理的健康柿树的挥发物，对其化学组分进行检测分析。从图 3-10 可知，处理和未处理的柿树挥发物有很大的不同，前者检出 13 种化合物，后者检出 11 种化合物（表 3-11）。化合物包括 6 种萜类，2 种酯类，8 种烃类和 1 种醛类物质。萜类物质在处理组为 6 种，总含量可达 85.13%，而在对照组中只有 4 种，含量为 30.64%，其中 2[10]-蒎烯和柠檬油精是在处理组中新出现的挥发物，分别占 6.53% 和 15.92%。另外 3 种萜类物质，3-崖柏烯，4[10]-崖柏烯和 α-蒎烯的含量都增加了很多，尤其是 α-蒎烯的相对含量从对照组的 6.43% 增加到处理组的 41.19%。但是罗勒烯的变化却相反，从 22.16% 到 4.05%。在处理后乙酸己烯酯提高了含量，从对照组的 0.79% 到处理组的 5.66%；另外一种酯类是酞酸二丁酯，它是处理后新增加的物质，占 1.40%。烃类作为第三类物质在对照树的挥发物中占 68.57% 的高比例，而在处理组仅有 4 种占 4.62%。壬醛是唯一检出的醛类物质，仅在处理的柿树挥发物中出现，占 3.19%。

从图 3-11 中可以看出，用 MeJA 处理健康的柿树，能够使其挥发性中萜烯类和酯类物质的种类和含量发生了很大改变，尤其是前者最为明显。其中 3-崖柏烯、α-蒎烯、柠檬油精在 MeJA 处理后增幅很大，与之相反的是罗勒烯在未处理的柿树挥发物中含量很高，而处理后含量锐减。

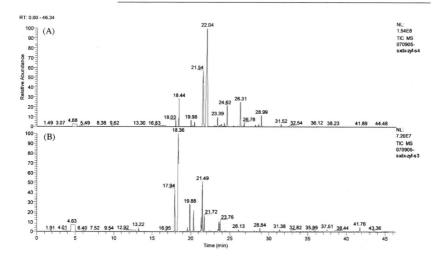

图 3-10 未处理(A)和 MeJA 处理(B)柿树枝叶挥发物 GC/MS 色谱检测图的比较

Fig. 3-10 GC/MS chromatogram of volatiles of untreated (A) and MeJA treated (B) persimmon trees

表 3-11 MeJA 20μl 处理健康柿树挥发物成分与未处理的比较(7 月)

Table 3-11 Comparison of the compounds between untreated and 20μl MeJA treated persimmon trees in July

化合物 Compound	分子式 Molecular formula	相对含量 Relative content(%)	
		未处理 Untreated	处理 MeJA treated
I 萜烯类化合物 Terpenoid compound			
3-崖柏烯 3-Thujene	$C_{10}H_{16}$	0.96	13.54
4[10]-崖柏烯 4[10]-Thujene	$C_{10}H_{16}$	1.09	6.53
α-蒎烯 α-Pinene	$C_{10}H_{16}$	6.43	41.19
2[10]-蒎烯 2[10]-Pinene-[1S, 5S]-[-]	$C_{10}H_{16}$	—	3.90
柠檬油精 Limonene	$C_{10}H_{16}$	—	15.92

（续）

化合物 Compound	分子式 Molecular formula	相对含量 Relative content（%）	
		未处理 Untreated	处理 MeJA treated
罗勒烯 Ocimene	$C_{10}H_{16}$	22.16	4.05
II 酯类化合物 Ester compound			
乙酸己烯酯 3-Hexenyl-acetate	$C_8H_{14}O_2$	0.79	5.66
酞酸二丁酯 Dibutyl phthalate	$C_{16}H_{22}O_4$	—	1.40
III 烃类化合物 Hydrocarbon compound			
2-甲基-1-亚内基三甲基环丙烷 Cyclopropane，trimethyl［2-methyl-1-prope-nylidene］-	$C_{10}H_{16}$	53.23	—
十一烷 Undecane	$C_{11}H_{24}$	1.86	—
2，6-二甲基-1，3，5，7-辛四烯 2，6-Dimethyl-1，3，5，7-octatetraene	$C_{10}H_{14}$	4.74	—
十二烷 Dodecane	$C_{12}H_{26}$	6.21	0.63
环己胺，2-乙烯基-1，1-二甲基-3-亚甲基 Cyclohexane，2-ethyl-1，1-dimethyl-3-meth-ylene-	$C_{11}H_{18}$	—	2.65
十三烷 Tridecane	$C_{13}H_{28}$	2.15	0.78
3-甲基十三烷 3-Methyl tridecane	$C_{14}H_{30}$	—	—
十四烷 Tetradecane	$C_{14}H_{30}$	0.38	0.56
IV 醛类化合物 Aldehyde compound			
壬醛 Nonanal	$C_9H_{18}O$	—	3.19

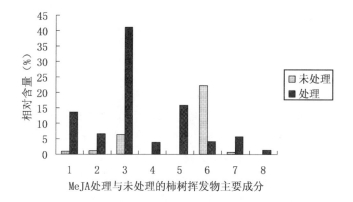

图 3-11　未处理(A)和 MeJA 处理(B)柿树枝叶挥发物化学成分归类
Fig. 3-11　Compound classification of volatiles from untreated (A) and
MeJA treated (B) persimmon trees
注：1～8 分别代表 3-崖柏烯、4[10]-崖柏烯、α-蒎烯、2[10]-蒎烯、柠
檬油精、罗勒烯、乙酸己烯酯和酞酸二丁酯。
Notes：1～8 refer to 3-Thujene, 4[10]-Thujene, α-Pinene, 2[10]- Pinene-
[1S, 5S]-[-], Limonene, Ocimene, 3-Hexenyl-acetate, Dibutyl phthalate.

2.　MeJA 处理的柿树挥发物成分的昼夜变化

在上面试验基础上，我们试验了进行 MeJA 处理的柿树挥发物成分的昼夜变化。早上 7：00 用包含 20μl MeJA 的溶液处理样树后，接着在上午 10：00，下午 15：00，晚上 19：00 和次日早上 7：00(对应于处理后 3h、8h、12h 以及 24h)对处理过的柿树挥发性气体收集，并采用 TCT-GC/MS 检测分析组分。从气相色谱图(图 3-12)看出，处理的柿树挥发物随时间的增加图谱峰逐渐减少，所包含的化合物从复杂趋于简单。分析比较一天中 4 个时间段柿树挥发物组分，结果发现(表 3-12)，上午 10：00 的柿树挥发物的色谱图共有 22 个吸收峰，包含 22 种组分，其中最大峰出现在 18.40min，为 α-蒎烯，相对含量占 18.68%。在这些挥发物组分中，第一类是萜烯类 6 种，占总的相对含量 50.33%，分别是 3-崖柏烯(8.69%)、α-蒎烯(18.68%)、2[10]-蒎烯(2.43%)、4[10]-崖柏烯(6.38%)、柠檬油精(12.52%)和罗勒烯(1.64%)；第二类是 2 种酯类，为乙酸己烯酯和酞酸二丁酯，总的相对含量占 8.60%；第三类是烃类 7 种，总相对含量占 35.54%，其中十二烷(14.74%)和十三烷(6.56%)相对含量较高;第四是醛类1种,为壬醛占5.53%。

下午15:00的柿树挥发物中包含13个组分,其最大峰出现在18.36min,为α-蒎烯,相对含量占41.19%。萜烯类有6种,相对含量占85.13%,为这个时段挥发物的主要成分,其中3-崖柏烯(13.54%)、α-蒎烯(41.19%)和柠檬油精(15.92)所占比例较高;酯类2种,为乙酸己烯酯(5.66%)和酞酸二丁酯(1.40%),总的相对含量占7.06%;烃类4种,相对含量占4.62%;醛类1种,为壬醛3.19%。

晚上19:00的柿树挥发物共有11个组分,其最大峰出现在26.31min,为十二烷烃,相对含量占51.77%。萜烯类只有1种,为α-蒎烯,相对含量占0.87%;酯类3种,相对含量占6.19%,其中酞酸丁基辛基酯和双酞酸2-乙基己酯分别占1.09%和3.89%,为新增组分;相对含量最多的是烃类,共有5种占75.52%,除十二烷以外,十一烷(12.47%)和十四烷(6.13%)所占比例较大;醛类1种,为壬醛具有很高的含量占17.42%。

次日早上7:00的柿树挥发物包含10个组分,其最大峰出现在18.33min,为α-蒎烯,相对含量占74.34%,是这个时段挥发物的主要成分。萜烯类又恢复成为6种,除α-蒎烯外3-崖柏烯占6.59%,其余萜烯类含量较低,但总的相对含量竟高达89.07%;酯类2种,总的相对含量占7.13%,以乙酸己烯酯(6.44%)为主;烷烃类3种,相对含量占3.19%;没有检出醛类物质。

综上所述,使用MeJA处理柿树后,能够诱导柿树产生较多的萜烯类物质,且具有昼夜波动性(图3-13)。白天挥发性气体的主要成分是萜烯类,均有6种,相对含量可达50%以上。尤其是具有招引效应的2个时间段,萜烯类化合物的总含量很高,分别达到了85.13%和89.07%,其中在下午15:00,萜烯类化合物种类丰富,α-蒎烯和柠檬油精含量较高,而次日早上7:00单一组分α-蒎烯就占了74.34%,其余萜烯类物质含量较低。到了晚上19:00,萜烯类只有α-蒎烯,含量仅有0.87%,与之对应的是这个时间段瓢虫对MeJA处理的柿树没有明显的趋向性。由此可知α-蒎烯和柠檬油精的变化与瓢虫趋性呈正相关,对瓢虫有招引效应。

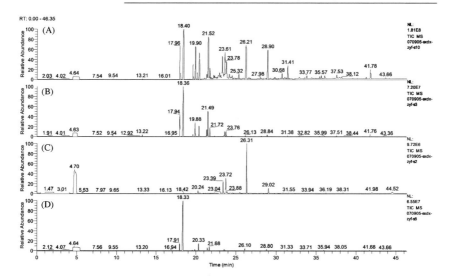

图 3-12 MeJA 处理的柿树枝叶挥发物在处理后 3h(A)，
8h (B)，12h (C)，24h(D)GC/MS 色谱检测图的比较

Fig. 3-12 GC/MS chromatogram of volatiles of MeJA treated persimmon
trees in 3h(A)，8h (B)，12h (C)，24h(D) after treated

表 3-12 MeJA 20μl 处理柿树 3-24h 挥发物成分的变化(7 月)

Table 3-12 Comparison of the compounds from persimmon trees 3～24h
after 20μl MeJA treated in July

化合物 Compound	分子式 Molecular formula	相对含量 Relative content(%)			
		10：00 3h	15：00 8h	19：00 12h	7：00 24h
I 萜烯类化合物 Terpenoid compound					
3-崖柏烯 3-Thujene	$C_{10}H_{16}$	8.69	13.54	—	6.59
4[10]-崖柏烯 4[10]-Thujene	$C_{10}H_{16}$	6.38	6.53	—	1.44
α-蒎烯 α-Pinene	$C_{10}H_{16}$	18.68	41.19	0.87	74.34
2[10]-蒎烯 2[10]- Pinene-[1S，5S]-[-]	$C_{10}H_{16}$	2.42	3.90	—	0.50
柠檬油精 Limonene	$C_{10}H_{16}$	12.52	15.92	—	2.80

（续）

化合物 Compound	分子式 Molecular formula	相对含量 Relative content（%）			
		10：00 3h	15：00 8h	19：00 12h	7：00 24h
罗勒烯 Ocimene	$C_{10}H_{16}$	1.64	4.05	—	3.39
II 酯类化合物 Ester compound					
乙酸己烯酯 3-Hexenyl-acetate	$C_8H_{14}O_2$	5.95	5.66	1.21	6.44
酞酸二丁酯 Dibutyl phthalate	$C_{16}H_{22}O_4$	3.24	1.40	—	0.69
酞酸丁基辛基酯 Phthalic acid，butyloctylester	$C_{20}H_{30}O_4$	—	—	1.09	—
双酞酸 2-乙基己酯 Bis［2-ethylhexyl］phthalate	$C_{24}H_{38}O_4$	—	—	3.89	—
III 烃类化合物 Hydrocarbon compound					
癸烷 Decane	$C_{10}H_{22}$	0.93	—	2.99	—
十一烷 Undecane	$C_{11}H_{24}$	4.86	—	12.47	—
十二烷 Dodecane	$C_{12}H_{26}$	14.74	0.63	51.76	1.89
环己胺，2-乙烯基-1，1-二甲基-3-亚甲基 Cyclohexane，2-ethyl-1，1-dimethyl-3-methylene-	$C_{11}H_{18}$	4.47	2.65	—	0.67
十三烷 Tridecane	$C_{13}H_{28}$	6.56	0.78	—	1.25
3-甲基十三烷 3-Methyl tridecane	$C_{14}H_{30}$	0.94	—	2.17	—
十四烷 Tetradecane	$C_{14}H_{30}$	2.98	0.56	6.13	—
IV 醛类化合物 Aldehyde					
壬醛 Nonanal	$C_9H_{18}O$	5.53	3.19	17.42	—

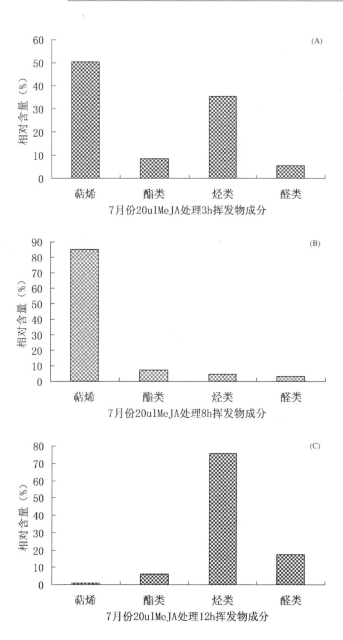

(A)

7月份20ulMeJA处理3h挥发物成分

(B)

7月份20ulMeJA处理8h挥发物成分

(C)

7月份20ulMeJA处理12h挥发物成分

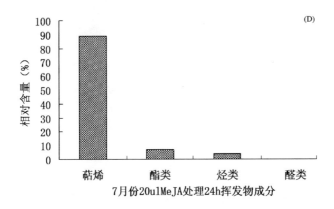

7月份20ulMeJA处理24h挥发物成分

图3-13　MeJA 处理 3h(A)，8h(B)，12h(C)，24h(D) 枝叶挥发物化学成分归类
Fig. 3-13　Compound classification of volatiles from persimmon trees after MeJA treated 3h(A)，8h(B)，12h(C)，24h(D)

(三)不同剂量的影响

试验在 9 月份进行，用 20μl、100μl、200μl 三种不同剂量的 MeJA 对柿树进行喷雾处理，3h 后收集挥发性物质并进行 GC/MS 检测分析组分。从图 3-14 可知，柿树挥发物随处理剂量的增加，色谱图的组分峰逐渐减少，表明化合物在发生变化。分析结果显示(表3-13)，20μl Me-JA 处理柿树挥发物包含 17 个组分，其中最大峰值出现在 26.12min，为十二烷，相对含量占 24.04%。萜烯类有 5 种，总的含量为 15.98%，分别为 3-崖柏烯(1.79%)、α-蒎烯(6.96%)、2[10]-蒎烯(1.34%)、柠檬油精(1.95%)和罗勒烯(3.94%)；没有醇类物质被检测到；酯类 2 种，总的相对含量占 13.32%，其中乙酸己烯酯为主占 11.13%；烷烃类 9 种，相对含量占 66.58%，为这个处理挥发物的主要成分，其中除含量最大的十二烷以外，十一烷(13.02%)和十三烷(9.26%)也有较大的含量；醛类 1 种，为壬醛占 4.12%。

100μl MeJA 处理柿树挥发物共有 18 个组分，其最大峰出现在 26.15min，同样为十二烷，相对含量占 23.14%。萜烯类有 3 种分别为 3-崖柏烯(0.94%)、α-蒎烯(4.82%)和柠檬油精(0.31%)，总的含量仅有 6.07%；醇类物质 1 种，是 3-己烯醇，占 0.42%；仅有 1 种酯类占 4.15%，为乙酸己烯酯；相对含量最多的还是烷烃类共有 10 种共占

79.44%，其中除了十二烷外，癸烷、十一烷和十三烷所占比例较大，分别为 8.39%、13.85% 和 8.07%；醛类检测到 3 种，壬醛为主（8.16%），还有少量的己醛（0.61%）和癸醛（1.15%）。

200μl MeJA 处理柿树挥发物共有 13 个吸收峰，其最大峰出现在 18.24min，为 α-蒎烯，相对含量占 33.39%。萜烯类增加到 6 种共 49.27%，除 α-蒎烯外 3-崖柏烯（6.67%）含量较大，法尼烯为新出现的组分，占 1.40%；醇类物质并未检测到；仅有 1 种酯类乙酸己烯酯占 6.21%；烃类物质缩减为 4 种，共 25.82%，十二烷和十三烷含量较大，分别为 14.68% 和 6.14%；醛类 2 种，为己醛（0.34%）和壬醛（4.62%）。

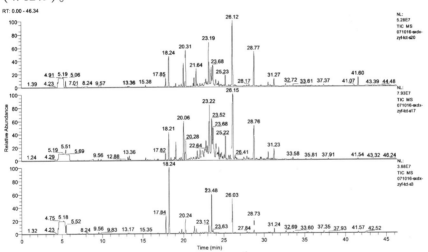

图 3-14　MeJA20μl、100μl、200μl 处理的柿树枝叶挥发物 GC/MS 色谱检测图的比较

Fig. 3-14　GC/MS chromatogram of volatiles of 20μl, 100μl, 200μl MeJA treated persimmon trees

　　综上所述，在 9 月份使用 MeJA 处理柿树，不同剂量处理的树体挥发物的成分存在着差别，随着 MeJA 用量的增加，能够诱导更多的具有吸引天敌昆虫的萜烯类物质产生（图 3-15）。其中 α-蒎烯均为含量最多的萜烯类物质，增长幅度最为明显，尤其是 200μl MeJA 处理后单一组分 α-蒎烯就高达 34.05%。而瓢虫对不同浓度 MeJA 处理柿树的趋性反应结果是 200μl MeJA 处理的柿树趋向率最高，与 α-蒎烯的高含量相吻合。而 100μl MeJA 处理的柿树趋向率最低，相应的是其挥发物中萜烯类物质种类最少，含量也最低。

表 3-13 不同剂量的 MeJA 处理 3h 挥发物成分比较（9 月）

Table 3-13 Comparison of the compounds among 20μl、100μl and 200μl MeJA treated persimmon trees in Sep.

化合物 Compound	分子式 Molecular formula	相对含量 Relative content(%)		
		20μl	100μl	200μl
I 萜烯类化合物 Terpenoid compound				
3-崖柏烯 3-Thujene	$C_{10}H_{16}$	1.79	0.94	6.67
α-蒎烯 α-Pinene	$C_{10}H_{16}$	6.96	4.82	34.05
2[10]-蒎烯 2[10]- Pinene-[1S, 5S]-[-]	$C_{10}H_{16}$	1.34	—	2.44
柠檬油精 Limonene	$C_{10}H_{16}$	1.95	0.31	2.86
罗勒烯 Ocimene	$C_{10}H_{16}$	3.94	—	1.85
法尼烯 Farnesene	$C_{15}H_{24}$	—	—	1.40
II 醇类化合物 Alcohol compound				
3-己烯醇 3-Hexen-1-ol	$C_6H_{12}O$	—	0.42	—
III 酯类化合物 Ester compound				
乙酸己烯酯 3-Hexenyl-acetate	$C_8H_{14}O_2$	11.13	4.15	6.21
酞酸二丁酯 Dibutyl phthalate	$C_{16}H_{22}O_4$	2.19	—	
IV 烃类化合物 Hydrocarbon compound				
3-甲基壬烷 3-methylnonane	$C_{10}H_{22}$	—	3.16	—
癸烷 Decane	$C_{10}H_{22}$	5.06	8.39	—

（续）

化合物 Compound	分子式 Molecular formula	相对含量 Relative content（%）		
		20μl	100μl	200μl
十一烷 Undecane	$C_{11}H_{24}$	13.02	13.85	3.23
2，6-二甲基十一烷 2，6-Dimethylundecane	$C_{13}H_{28}$	7.50	9.28	—
5-乙基癸烷 5-Ethyldecane	$C_{12}H_{26}$	1.12	1.92	—
3-甲基十一烷 3-methylundecane	$C_{12}H_{26}$	2.40	4.05	—
十二烷 Dodecane	$C_{12}H_{26}$	24.04	23.14	14.68
十三烷 Tridecane	$C_{13}H_{28}$	9.29	8.07	6.14
十四烷 Tetradecane	$C_{14}H_{30}$	1.65	1.76	1.77
2，6，10-三甲基十二烷 Dodecane，2，6，10-trimethyl-	$C_{15}H_{32}$	2.50	5.82	—
V 醛类化合物 Aldehyde				
己醛 Hexanal	$^*C_6H_{12}O$	—	0.61	0.34
壬醛 Nonanal	$C_9H_{18}O$	4.12	8.16	18.36
癸醛 Decanal	$C_{10}H_{20}O$	—	1.15	—

（四）持续时间的影响

在 9 月份试验了 MeJA 喷雾处理后 1d、3d、5d 柿树挥发物成分的变化，MeJA 采用两种剂量 20μl 和 100μl，以掌握 MeJA 诱导柿树挥发物成分变化的持续效应。

1. 20μl MeJA 处理后 1d、3d、5d 柿树挥发物的化学成分

图 3-16 为 20μl MeJA 处理后 1d、3d、5d 柿树的挥发物的气相色谱

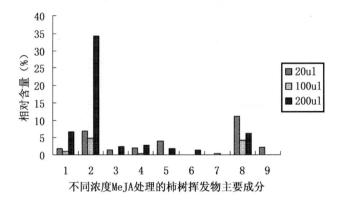

图 3-15   MeJA 20μl、100μl、200μl 处理的柿树枝叶挥发物化学成分归类
Fig. 3-15   Compound classification of volatiles from 20μl、
100μl、200μl MeJA treated persimmon trees
注：1~9 分别代表 3-崖柏烯、α-蒎烯、2[10]-蒎烯、柠檬油精、罗勒烯、3-己烯醇、乙酸己烯酯和酞酸二丁酯。
Notes：1~9 refer to3-Thujene, 4[10]-Thujene, α-Pinene, 2[10]- Pinene-[1S, 5S]-[-], Limonene, Ocimene, 3-Hexen-1-ol, 3-Hexenyl-acetate, Dibutyl phthalate.

图，发现处理后 3d 和 5d 柿树挥发物的图谱比较相似，它们与处理后 1d 的图谱差异较大，分析比较它们挥发物的组分(表 3-14)，显示，处理后 1d 的柿树挥发物包含 18 个组分，可分为 5 组，其中最大峰出现在 26.11min，为十二烷，相对含量占 26.78%。萜烯类共有 5 种总的含量为 17.66%，其中 α-蒎烯为主，占 14.14%，其余的 3-崖柏烯、2[10]-蒎烯、柠檬油精和罗勒烯含量都很少；只有 1 种醇类物质被检测到，是 3-己烯醇，占 1.19%；酯类也是 1 种，为乙酸己烯酯相对含量占 15.42%；烷烃类 10 种，相对含量占 62.90%，为这个处理挥发物的主要成分，其中除含量最大的十二烷以外，十一烷(12.35%)也是含量较大的；醛类 1 种，为壬醛占 2.83%。

处理后 3d 的柿树挥发物包含 19 个组分，可分为 5 组，其中最大峰出现在 21.73min，为罗勒烯，相对含量占 25.95%。萜烯类共有 6 种总的含量为 37.66%，除罗勒烯以外 α-蒎烯含量最多，占 6.34%，其余的 4 种含量很少；没有醇类物质被检测出；酯类也是 1 种，为乙酸己烯酯

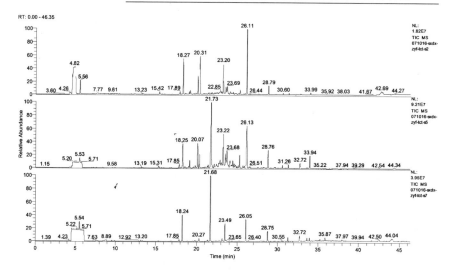

图 3-16　MeJA 20μl 处理后 1d, 3d, 5d 柿树挥发物化学成分的 GC/MS 色谱图比较

Fig. 3-16　GC/MS chromatogram of the volatiles from persimmon trees in 1d, 3d, 5d after treated with 20μl MeJA

表 3-14　MeJA 20μl 处理 1d, 3d, 5d 挥发物成分比较（9 月）

Table3-14　The compounds of the volatiles from persimmon trees in 1d, 3d, 5d after treated with 20μl MeJA in Sep.

化合物 Compound	分子式 Molecular formula	相对含量 Relative content（%）		
		1d	3d	5d
I 萜烯类化合物 Terpenoid compound				
3-崖柏烯 3-Thujene	$C_{10}H_{16}$	1.41	0.87	0.97
α-蒎烯 α-Pinene	$C_{10}H_{16}$	14.14	6.34	8.00
2[10]-蒎烯 2[10]- Pinene-[1S, 5S]-[-]	$C_{10}H_{16}$	0.83	0.87	1.51
柠檬油精 Limonene	$C_{10}H_{16}$	0.70	0.67	0.86
罗勒烯 Ocimene	$C_{10}H_{16}$	0.58	25.95	48.52

（续）

化合物 Compound	分子式 Molecular formula	相对含量 Relative content（%）		
		1d	3d	5d
法尼烯 Farnesene	$C_{15}H_{24}$	—	2.96	2.20
Ⅱ 醇类化合物 Alcohol compound				
3-己烯醇 3-Hexen-1-ol	$C_6H_{12}O$	1.19	—	0.39
Ⅲ 酯类化合物 Ester compound				
乙酸己烯酯 3-Hexenyl-acetate	$C_8H_{14}O_2$	15.42	3.44	2.76
Ⅳ 烃类化合物 Hydrocarbon compound				
3-甲基壬烷 3-methylnonane	$C_{10}H_{22}$	2.45	1.68	—
癸烷 Decane	$C_{10}H_{22}$	6.89	6.74	2.28
十一烷 Undecane	$C_{11}H_{24}$	12.35	10.36	1.60
3-甲基十一烷 3-methylundecane	$C_{12}H_{26}$	1.89	2.80	0.42
5-乙基癸烷 5-Ethyldecane	$C_{12}H_{26}$	1.05	2.35	—
十二烷 Dodecane	$C_{12}H_{26}$	26.78	16.31	11.54
2,6-二甲基十一烷 2,6-Dimethylundecane	$C_{13}H_{28}$	5.10	7.01	—
十三烷 Tridecane	$C_{13}H_{28}$	3.68	4.70	5.56
3-甲基十三烷 3-Methyl tridecane	$C_{14}H_{30}$	—	—	0.67
十四烷 Tetradecane	$C_{14}H_{30}$	0.56	0.78	2.34
2,6,10-三甲基十二烷 Dodecane, 2,6,10-trimethyl-	$C_{15}H_{32}$	2.15	2.59	—
Ⅴ 醛类化合物 Aldehyde				
2-己烯醛 2-Hexenal	$C_6H_{10}O$	—	0.58	—

（续）

化合物 Compound	分子式 Molecular formula	相对含量 Relative content(%)		
		1d	3d	5d
己醛 Hexanal	$C_6H_{12}O$	—	—	0.32
壬醛 Nonanal	$C_9H_{18}O$	2.83	2.96	10.06

相对含量占 3.44%；烷烃类 10 种，相对含量占 55.36%，为这个处理挥发物的主要成分，其中除含量最大的十二烷以外，十一烷（10.36%）含量较大；醛类 2 种，为 2-己烯醛和壬醛，分别占 0.58% 和 2.96%。

处理后 5d 的柿树挥发物包含 19 个组分，同样分为 5 组，其中最大峰出现在 21.68min，为罗勒烯，相对含量达到 48.52%。此外，还有 5 种萜烯类物质，α-蒎烯占 8.00%，其余的 4 种含量很少；1 种醇类物质被检测出，为 3-己烯醇，占 0.39%；酯类也是 1 种，为乙酸己烯酯相

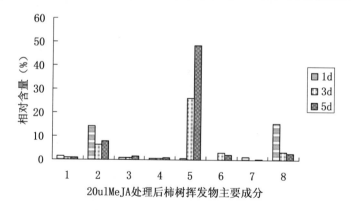

图 3-17　MeJA 20μl 处理后 1d, 3d, 5d 柿树挥发物化学成分

Fig. 3-17　Compound of volatiles from persimmon trees in
1d, 3d, 5d after treated with 20μl MeJA

注：1~8 为 3-崖柏烯；α-蒎烯；2[10]-蒎烯；柠檬油精；罗勒烯；法尼烯；3-己烯醇；乙酸己烯酯。

Notes：1~8 mean3-Thujene, α-Pinene, 2[10]-Pinene-[1S, 5S]-[-], Limonene, Ocimene, Farnesene, 3-Hexen-1-ol, 3-Hexenyl-acetate

对含量占 2.76%；烷烃类 7 种，总的相对含量占 24.41%，其中含量最大的十二烷（11.54%）；醛类 2 种，为己醛和壬醛，分别占 0.32% 和 10.06%。

通常认为对天敌昆虫起吸引效应的挥发物组分主要是萜烯类、醇类和酯类化合物，我们比较了柿树挥发物成分中包含的 6 种萜烯类、1 种醇类和 1 种酯类物质在 20μl MeJA 处理后 1d、3d、5d 的变化，图 3-17 显示，在这 8 种挥发物组分中，有 3 种物质变化明显，它们是 2 种萜烯类 α-蒎烯和罗勒烯以及 1 种酯类化合物乙酸己烯酯。具有显著变化的这 3 种化合物中 α-蒎烯和乙酸己烯酯在处理后随时间的增加，含量逐渐减少；而罗勒烯在处理后 3d 和 5d 含量急剧增长，与以上 2 种物质形成鲜明对比。其余的 5 种化合物的含量在处理后随时间的增加，仅存在微弱变化。

2. 100μl MeJA 处理后 1d、3d、5d 柿树挥发物的化学成分

图 3-18 为 100μl MeJA 处理后 1d、3d、5d 柿树的挥发物的气相色谱图，同 20μl MeJA 一样，在处理后 3d 和 5d 柿树挥发物的图谱近似，而处理后 1d 的图谱与它们差异较大，分析比较它们挥发物的组分（表 3-15），显示，处理后 1d 的柿树挥发物共有 17 个组分，其最大峰出现在 26.14min，为十二烷，相对含量占 20.44%。萜烯类有 4 种分别为 3-崖柏烯（0.85%）、α-蒎烯（6.36%）、柠檬油精（0.31%）和罗勒烯（1.03%），总的含量仅有 8.55%；醇类物质 1 种，是 3-己烯醇，占 0.43%；酯类 1 种，是乙酸己烯酯占 4.42%，；相对含量最多的是烷烃类，共有 10 种共占 81.59%，其中除了十二烷外，癸烷、十一烷所占比例较大，分别为 9.79%、13.61%；醛类为壬醛，占 5.01%。

处理后第 3d 柿树挥发物包含 15 个组分，其最大峰出现在 21.78min，为罗勒烯，相对含量占 31.30%。萜烯类有 4 种分别为 3-崖柏烯（0.54%）、α-蒎烯（2.53%）、柠檬油精（0.64%）和罗勒烯（31.30%），总的含量占 35.01%；醇类物质未检测出；酯类 1 种，是乙酸己烯酯占 1.79%；相对含量最多的还是烷烃类共有 9 种共占 60.00%，其中除了十二烷外，癸烷、十一烷所占比例较大，分别为 7.80% 和 10.62%；醛类仅有壬醛，占 3.20%。

处理后 5d 的柿树挥发物共有 14 个组分，其最大峰出现在

21. 75min，同样为罗勒烯，相对含量占 43. 11%。其余 3 种萜烯类物质分别为 3-崖柏烯(1. 06%)、α-蒎烯(2. 12%)、柠檬油精(0. 98%)；壬醇作为唯一的 1 种醇类物质被检测出，占 1. 37%；酯类 1 种，是酞酸二丁酯占 1. 22%；烷烃类仅有 4 种共占 22. 07%，十二烷(8. 55)所占比例最大；醛类 4 种，壬醛为主，占 19. 91%，其余分别是己醛、辛醛、和癸醛，占 0. 68%、4. 40% 和 2. 07%。

同样在 100μl MeJA 处理后 1d、3d、5d，我们比较了柿树挥发物成分中所包含的 4 种萜烯类、1 种醇类和 2 种酯类物质的变化，从图 3-19 可以看出，在这 7 种挥发物组分中，还是 α-蒎烯、罗勒烯和乙酸己烯酯这 3 种物质变化明显。其中 α-蒎烯和乙酸己烯酯在处理后随着时间的增加，含量逐渐减少；与之相反的是罗勒烯的含量在处理后显著增长，变化最为明显。其余的 4 种化合物变化甚微。

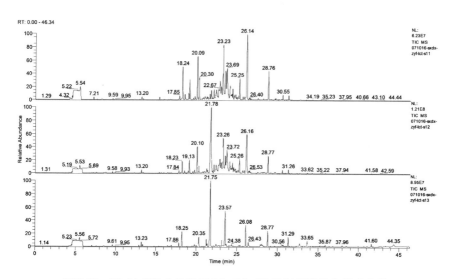

图 3-18 MeJA 100μl 处理后 1d, 3d, 5d 柿树挥发物化学成分的 GC/MS 色谱图比较

Fig. 3-18　GC/MS chromatogram of the volatiles from persimmon trees in 1d, 3d, 5d after treated with 100μl MeJA

表 3-15　MeJA 100μl 处理 1d, 3d, 5d 挥发物成分比较(9 月)

Table3-15　The compounds of the volatiles from persimmon trees in 1d, 3d, 5d after treated with 100μl MeJA in Sep.

化合物 Compound	分子式 Molecular formula	相对含量 Relative content(%)		
		1d	3d	5d
I 萜烯类化合物 Terpenoid compound				
3-崖柏烯 3-Thujene	$C_{10}H_{16}$	0.85	0.54	1.06
α-蒎烯 α-Pinene	$C_{10}H_{16}$	6.36	2.53	2.12
柠檬油精 Limonene	$C_{10}H_{16}$	0.31	0.64	0.98
罗勒烯 Ocimene	$C_{10}H_{16}$	1.03	31.30	43.11
II 醇类化合物 Alcohol compound				
3-己烯醇 3-Hexen-1-ol	$C_6H_{12}O$	0.43	—	—
壬醇 1-Nonanol	$C_9H_{20}O$	—	—	1.37
III 酯类化合物 Ester compound				
乙酸己烯酯 3-Hexenyl-acetate	$C_8H_{14}O_2$	4.42	1.79	—
酞酸二丁酯 Dibutyl phthalate	$C_{16}H_{22}O_4$	—	—	1.22
IV 烃类化合物 Hydrocarbon compound				
3-甲基壬烷 3-methylnonane	$C_{10}H_{22}$	4.70	2.92	—
癸烷 Decane	$C_{10}H_{22}$	9.79	7.80	—
十一烷 Undecane	$C_{11}H_{24}$	13.61	10.62	2.26
3-甲基十一烷 3-methylundecane	$C_{12}H_{26}$	6.15	3.02	—

（续）

化合物 Compound	分子式 Molecular formula	相对含量 Relative content（%）		
		1d	3d	5d
5-乙基癸烷 5-Ethyldecane	$C_{12}H_{26}$	1.85	—	—
十二烷 Dodecane	$C_{12}H_{26}$	20.44	15.37	8.55
2,6-二甲基十一烷 2,6-Dimethylundecane	$C_{13}H_{28}$	10.14	8.37	—
十三烷 Tridecane	$C_{13}H_{28}$	5.78	4.67	—
十四烷 Tetradecane	$C_{14}H_{30}$	0.76	0.74	3.41
2,6,10-三甲基十二烷 Dodecane, 2,6,10-trimethyl-	$C_{15}H_{32}$	8.37	6.49	2.10
V 醛类化合物 Aldehyde				
己醛 Hexanal	$C_6H_{12}O$	—	—	0.68
辛醛 Octanal	$C_8H_{16}O$	—	—	4.40
壬醛 Nonanal	$C_9H_{18}O$	5.01	3.20	19.91
癸醛 Decanal	$C_{10}H_{20}O$	—	—	2.07

　　综上所述，在 MeJA 处理后 1d、3d 和 5d，通过分析比较柿树挥发物的化学成分来研究其中主要起招引作用的萜烯类、醇类和酯类化合物的变化规律。通过研究可以得出以下结论：2 种剂量的 MeJA 处理柿树挥发物的持续变化相一致，即 2 种萜烯类，α-蒎烯和罗勒烯以及 1 种酯类物质乙酸己烯酯变化明显，其余物质只有微弱变化。在处理后 1d，α-蒎烯都是含量最多的萜烯类物质，到处理后 3d 和 5d 含量逐渐减少；与之形成鲜明对比的是，在处理后 1d 的柿树挥发物中仅有极少量的罗勒烯存在，到了处理后 3d，含量就达到 25% 以上，在处理后 5d，增长

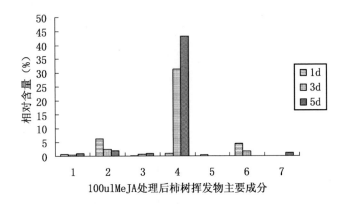

图 3-19　MeJA 100µl 处理后 1d，3d，5d 柿树挥发物化学成分

Fig. 3-19　Compound of volatiles from persimmon trees in
1d，3d，5d after treated with 100µl MeJA

注：1~7 为 3-崖柏烯；α-蒎烯；柠檬油精；罗勒烯；3-己烯醇；
乙酸己烯酯；酞酸二丁酯

Notes：1~7 mean3-Thujene，α-Pinene，Limonene，Ocimene，3-Hex-
en-1-ol，3-Hexenyl-acetate，Dibutyl phthalate.

进一步加剧，达到40%以上；与 α-蒎烯变化规律一致的是乙酸己烯酯
在处理后柿树的挥发物成分中随时间增加逐步递减。这2种化合物的变
化与处理后柿树吸引力的变化呈正相关，在处理后 1d 的柿树挥发物中
含量较高，对瓢虫有吸引效应，而在处理后 3d 和 5d 含量逐渐下降，柿
树的招引效应也随之逐渐减弱。罗勒烯的变化规律与之相反，在不具有
招引效应的处理后 3d 和 5d 的挥发物中含量很高，由此可知其并不是对
红点唇瓢虫具有吸引效应的萜烯类物质。

（五）红点唇瓢虫对单组分味源的趋性试验

通过以上的研究，我们发现 α-蒎烯、柠檬油精和 3-己烯醇这 3 种
物质的变化与瓢虫的趋性反应一致，进一步对其进行单组分味源的趋性
试验，以验证这 3 种物质对瓢虫的引诱效应。

结果（表3-16）显示，α-蒎烯在浓度为 10^{-4} g/ml、10^{-5} g/ml 和 10^{-6}
g/ml 时，对红点唇瓢虫都具有吸引效应，平均引诱率分别为 72.41%、
78.21% 和 62.50%，与对照相比其吸引力达到了极显著和显著水平。
柠檬油精在浓度为 10^{-4} g/ml 和 10^{-5} g/ml 时具有引诱活性，前者的吸

引率达到 79.88%，与对照相比，差异极显著($P < 0.01$)，后者的吸引率是 63.71%，达到显著差异水平。3-己烯醇在较高的浓度可以起到吸引瓢虫的作用，浓度为 10^{-3} g/ml 时吸引率为 62.63%，差异显著；在浓度为 10^{-4} g/ml 时，引诱率最高，为 78.96%，和对照相比差异极显著($P < 0.01$)，低浓度的己烯醇不具备吸引力。总的来说，这三种物质在一定的浓度范围内可以对红点唇瓢虫产生吸引效应，其中 α-蒎烯的引诱效果最好，适用浓度较低。这个结果验证了我们上述的研究结论，同时揭示出这几种物质在柿树挥发物中对吸引红点唇瓢虫发挥着重要的作用。并为人工模拟化学信息素调控天敌昆虫在林地的种群密度，提高生物防治效果提供了科学依据。

Ⅲ 讨 论

由以上的研究可知，柿树在受到外源信号分子 MeJA 和日本龟蜡蚧诱导后，挥发物种类和挥发量有所改变，从而改变了柿树挥发物的组成相，这是本次试验柿树挥发物组分中普遍具有的规律。随着柿树生理代谢功能的增强，树体会释放出更多的挥发物组分。柿树经诱导后促进了挥发物的释放，通过吸引天敌来保护自身，达到间接防御的目的。已有相关的研究(Turling, et al. 1990；Dick, et al. , 1993；Rodriguez-Saona, et al. 2001；Kessler and Baldwin, 2001)报道了害虫的侵食和 MeJA 的应用能够诱导寄主植物释放出挥发性化学物质来吸引天敌昆虫控制害虫[100,118~120]。如 Dicke 等发现被害植物能积极主动地引诱致害昆虫的天敌，即受虫害诱导而改变其挥发性次生物质(HIV)的组成相，为天敌提供可靠的信息。他们发现当棉红蜘蛛 Teranychus urticae 在利马豆的叶片上取食时，植株释放出一组挥发性次生物质，能引诱捕食性的智利小植绥螨 Phytoseiμlus persimilis[121]。他们还发现 HIV 的组成成分依植物种类、红蜘蛛种类的不同而不同，甚至受同一种红蜘蛛危害的植株也因其栽培品系的不同而产生不同的挥发物，捕食螨类则能辨别这些差异，被吸引到相关红蜘蛛存在的植株上。张瑛和严福顺[122]也发现在没有受到其他生物侵害和物理损伤时，植物体内挥发性次生物质较少，受昆虫攻击后植物会释放更多更强的挥发性次生化合物，这些化合物增强对昆虫天敌的引诱作用，抑制植食性昆虫的取食、产卵。这些都进一步印证了植物—植食性昆虫—天敌三营养层次确实存在某种化学信息联系，充分体现了三者之间的协同进化。

我们从健康的、日本龟蜡蚧危害的和 MeJA 处理的柿树挥发物中共检出 20 多种组分，将其进行归类，主要可分为 5 组，分别是萜烯类、醇类、酯类、烃类和醛类化合物。通常认为挥发物组分中起招引作用的是萜烯类、醇类和酯类物质，如萜烯是很多植物受到虫害机械损伤的主要挥发组分之一，也是一种害虫的有力趋避剂和天敌的招引物质，能够被 MeJA 诱导产生。还有研究表明在植物受到害虫危害而长势衰弱时葡萄糖苷溢出，以挥发性醇的形式释放出来，其中叶绿醇在很多相关文献中都被提到，比较有代表性的是 Turlings 等[123]的研究表明天敌往往能通过识别这些信息化合物的特异性差异，找到适宜的寄主或猎物。然而有些化合物如烃类物质，我们发现在不同季节的挥发物中挥发量都很大，而且在健康的、日本龟蜡蚧危害的和 MeJA 诱导的柿树挥发物中普遍存在。它们是健康柿树挥发物中最主要的成分，经虫害和 MeJA 诱导的柿树挥发物中所占比例下降。可知烃类化合物是树体基底挥发物组分，对天敌昆虫没有招引效应。

在植物和昆虫的长期协同进化过程中，植食性昆虫对寄主植物的定位与识别包括一系列对来自寄主植物和非寄主植物刺激的行为反应，寄主植物的气味给昆虫提供提供了食物可获得性，产卵场所和其他有利于其生存及繁殖的信息[124]；同样植物也可以产生复杂的化学反应来抵御植食性昆虫的危害，其主要方式包括改变自身营养物质的含量，更多的是产生对昆虫有毒的次生代谢物质达到直接防御的目的，也可以通过改变自身的挥发物的组分和挥发量来引诱植食性昆虫的天敌来捕食和寄生从而间接抵御植食性昆虫；天敌昆虫也能够利用植物和植食性昆虫所释放的信息化合物来寻找猎物。目前认为对昆虫起定位作用的仅为一种或几种特异性的信息化合物。如 Chenier 等（1989）研究发现松树挥发物中的 α-蒎烯对寄生针叶树的天牛科、象甲科、小蠹虫科、郭公甲科的昆虫具有引诱作用[125]；Nordlander 等（1990）报道 α-蒎烯是金龟子的引诱剂[126]；我国李继泉等（2001）发现对于松墨天牛取食和产卵行为的影响和调节，α-蒎烯是最为重要的信号物质[127]。此外其他的萜烯类物质如莰烯曾被报道为麦蚜取食诱导的主要挥发物之一，对燕麦蚜茧蜂的吸引作用较强。另外还被证实了对草履蚧的天敌红环瓢虫具有显著的引诱活性。而 α-子丁香烯、β-蒎烯、樟脑等多种物质早已被证实具有引诱昆虫、干扰昆虫发育及拒食等作用[128]。顺-3-己烯醇是害虫取食植物后释放的一种常见物质[129～130]，可以吸引捕食性天敌。其他醇类，如里那醇被报道在受到光肩星天牛咬食后的五角枫的挥发物中出现，天牛对此物质具有触角电位反应[131]。Calderone 等[132]发现里那醇与其他几种物质混合后可以对蜜蜂的寄生性螨类武氏蜂螨和大蜂螨有较强的引诱活性。

　　本研究也证实了萜烯类、醇类化合物在受到日本龟蜡蚧的危害和 MeJA 诱导的柿树挥发物中含量增加，尤其是 α-蒎烯、柠檬油精和 3-己烯醇这 3 种化合物含量的变化与瓢虫的趋性反应正相关，对红点唇瓢虫具有很强的吸引力。在 7 月份，日本龟蜡蚧若虫危害不能诱导柿树产生足够多的 α-蒎烯使其不具备对瓢虫的吸引力；而在 9 月份，日本龟蜡蚧成虫严重危害柿树，挥发物成分中 α-蒎烯的含量加剧增加，成为含量最高的组分，这时的受害柿树对瓢虫具有吸引效应。MeJA 也可以诱导柿树挥发物中 α-蒎烯含量的增加，与未处理的柿树相比差异显著；此外分析处理后柿树挥发物的昼夜变化得知，具有招引效应的 2 个时间段 α-蒎烯都是含量最高的萜烯类物质；不同剂量的 MeJA 处理柿树后，随着 MeJA 用量的增加，能够产生更多的 α-蒎烯，对应于更多的瓢虫趋向于高剂量 MeJA 处理的柿树枝叶；MeJA 诱导柿树挥发物变化持续试验的结果也充分说明了 α-蒎烯的引诱活性，在处理后随着时间的延长，其含量逐渐下降，相应的是对瓢虫的招引效应也随之减弱。同样，柠檬油精在具有吸引效应的柿树挥发物中含量较高，变化明显，具有吸引瓢虫的能力。与健康柿树相比，在不同季节日本龟蜡蚧危害树和 MeJA 处理树的挥发物中 3-己烯醇的含量都有所增加，变化明显；尤其是在 7 月份，MeJA 的应用可以诱导柿树产生对瓢虫的吸引力，分析处理后的柿树挥发物成分可知，3-己烯醇的含量很高，和健康柿树相比差异极显著。以上的研究结果表明 α-蒎烯、柠檬油精和 3-己烯醇在对红点唇瓢虫的招引过程中发挥重要作用。单组分味源的趋性试验进一步验证了这 3 种化合物在一定浓度对瓢虫具有引诱效应。

　　并不是所有的萜烯类、醇类物质对天敌昆虫都有引诱活性，陈宗懋等也报道了茶树害虫对寄主的定位依赖于茶树芽梢的挥发物其中包括顺-3-己烯醇，它对害虫具有强引诱力和电生理反应，但对天敌仅有弱的活性。本研究发现柿树挥发物中顺式-罗勒烯的变化与对瓢虫的吸引效应呈负相关。在不同季节中，挥发成分变化趋势一致，即在健康的柿树挥发物中含量很高，当柿树受到蚧虫取食和 MeJA 诱导后挥发量明显下降；比较 MeJA 处理和未处理的柿树挥发物同样可以看出这种变化，在处理后含量由原来的 22.16% 减少到 4.05%；MeJA 诱导柿树挥发物变化持续的试验结果也充分说明了顺式-罗勒烯在柿树对红点唇瓢虫的招引过程中不发挥作用，柿树对瓢虫的吸引力随处理后时间的增加而减弱，罗勒烯的含量却逐渐增加，尤其是处理后的 5d 其含量达到 40% 以上，此时的柿树对瓢虫不具备吸引力。与我们的结果不同的是，张凤娟等[133]研究了 3 种槭树的挥发物成分中的罗勒烯对其蛀干害虫——光肩星天牛具有驱避效应；韩宝瑜等[134]发现门氏食蚜蝇对源自茶二叉蚜和蚜害茶梢复合体的罗勒烯有显著趋性。

　　以往的研究报道异色瓢虫、红环瓢虫、中华草蛉对于蚧虫危害过的柿树枝叶表现出趋向性，并有一定的年节律性和日节律性。在 5～8 月期间，天敌昆虫对空白、未受害的柿树枝叶和虫害枝叶的趋向性相近；在蚧虫危害严重的 9～10 月，在一天中的半夜 1:00～3:00 和下午 13:00～15:00，与未受害的枝叶相比，天敌昆虫对虫害严重的枝叶表现出明显的趋性。本次研究表明在 7 月份日本龟蜡蚧若虫危害期即柿树稳定生长期，虫害的柿树并未表现出对于红点唇瓢虫的吸引力，而到了 9 月份的成虫阶段即柿树果实成熟期，严重的虫害导致了对瓢虫的招引效应，一天中在下午的 15:00 表现最为强烈，与以上的蚧虫其他天敌的反应一致。这与程家安、王海波等[135,136]人认为植物的诱导程度的"开关"式效应一致，即植物的虫害程度在一定范围内时，植物所表现的诱导抗性反应的强度变化不大，只有当这种虫害的程度超过了一定的范围时，这种抗性反应才能明显表现出来。这种模式指出寄主植物释放对天敌具有吸引力的挥发物不仅和害虫的侵食有关而且和害虫的发育阶段或寄主植物的生理学和生物气候学有关。

　　日本龟蜡蚧的危害和 MeJA 处理的柿树挥发物都可以吸引天敌昆

虫，在比较了红点唇瓢虫对二者的趋性反应后得出的结论为两者差异不显著但其更倾向于自然状态的虫害枝叶。这与 Dicke 等人的结论一致，他们研究发现用 MeJA 处理的利马豆在处理后 2d 和 4d 可以明显地吸引捕食性的天敌智利小植绥螨 *P. persimilis*，然而它们更喜欢棉红蜘蛛 *T. urticae* 取食导致利马豆所放的挥发物质[137]。同时他们发现在 2 星期内大于 50% 的捕食性天敌能被处理植株吸引，但与对照相比差异不显著，最强的吸引力出现在处理后的第 2 天。

在林间的试验进一步验证了 MeJA 处理后可以诱导柿树产生更多的具有吸引天敌的挥发物质。在对虫害的柿树进行 MeJA 的暴露处理后，明显有更多的瓢虫聚集在处理株上，与未处理的虫害株形成显著的差异。经黄金水等(2006)研究发现，应用 Holling-Ⅱ圆盘方程进行拟合捕食量方程，得到福建地区红点唇瓢虫成虫的日极限捕食量为 55.84 头/日[138]。所以经过连续的 MeJA 处理可以形成一个持续的效果，将天敌留住，将能够对日本龟蜡蚧可持续的控制。

总而言之，MeJA 是一个信号传导物质能够诱导植物改变挥发物释放量和组分。因此在日本龟蜡蚧若虫危害期，林地里应用 MeJA 诱导柿树释放具有吸引力的挥发物招募瓢虫，这对于生物防治很重要。但这些物质在三个营养层的作用是一个复杂的生物反应过程。初步的试验验证了虫害和处理的柿树挥发物的粗提物具有对日本龟蜡蚧的天敌昆虫红点唇瓢虫的吸引力，从中筛选出三种物质 α-蒎烯、柠檬油精和顺-3-己烯醇对瓢虫也有明显的招引效应。但这只是一个初步探索，因为挥发物的化学指纹图中的各组分的特定比例对昆虫的定向和行为极为重要，昆虫利用植物挥发物来寻找寄主和植物改变自身挥发物组成来引诱天敌的整个过程是较为复杂的，如何利用这些有效的信息化合物来实现害虫的可持续控制有待进一步的研究[139~141]。

Ⅳ 本篇总结

一、结 论

通过上述研究可以得到如下几点结论：

（1）在 7 月份，受到日本龟蜡蚧低龄若虫危害的柿树对红点唇瓢虫的吸引力在一天的 4 个时间段略有波动，红点唇瓢虫最大的趋向性出现在下午 15：00，为 56.76%，总体来看瓢虫对于日本龟蜡蚧若虫危害的和健康的柿树叶趋性反应没有显著的差异。由此可知日本龟蜡蚧若虫的侵害不能诱导柿树释放足够的挥发物来吸引红点唇瓢虫。但是，使用 MeJA 处理柿树以后，明显有更多的瓢虫趋向受处理的柿树味源。并出现两个吸引高峰，分别是下午 15：00 和第二天早上 7：00，趋向率分别为 78.21% 和 73.42%，与对照相比差异极显著。所得到的结论是在日本龟蜡蚧低龄若虫的危害期，应用外源信号分子 MeJA 可以使寄主柿树在原本没有招引效应的季节产生了对瓢虫的吸引力。

（2）在 9 月份，日本龟蜡蚧成虫的危害可以诱导柿树释放具有招引效果的挥发物来吸引红点唇瓢虫，吸引力在一天的 4 个时间段有波动效应。在下午 15：00，瓢虫对虫害柿叶的趋向率为 70.93%，和健康柿叶之间差异极显著。其余三个时间段的趋性反应不显著。而应用 20μl、100μl 和 200μl 的 MeJA 处理柿树都可以诱导出对瓢虫的吸引力，

持续效应可达 1d 以上，其中最大引诱效应为 78.21%，而对照只有 21.79%，差异极显著。第 3d 后吸引力显著下降。

（3）红点唇瓢虫对柿树叶片挥发物的水浴蒸馏粗提物有趋性反应，对于日本龟蜡蚧成虫危害的柿树叶片粗提物的趋向率为 55.56%，MeJA 处理的柿树叶片粗提物趋向率为 42.59%，和健康柿树叶片粗提物的趋向率 20.00% 相比，它们之间达到了极显著和显著差异水平。这与红点唇瓢虫对新鲜柿树枝叶的趋性反应是一致的。

（4）应用 MeJA 诱导柿树使红点唇瓢虫在林间的种群密度增加了 3.1~3.9 倍。

（5）在一年的不同季节，外源信号分子 MeJA 可以诱导柿树释放更

多的挥发性物质。在 5 月份，MeJA 处理的柿树挥发物的释放量分别是健康柿树的 2 倍，7 月份是 3 倍，9 月份是 2 倍。从柿树挥发物的释放总量来看，9 月份最多。挥发物中对天敌昆虫红点唇瓢虫具有吸引力的萜烯类、醇类和酯类化合物表现为组分种类增多和含量增加。

在 7 月份日本龟蜡蚧若虫危害的柿树挥发物成分中萜烯类物质的含量很低，是对瓢虫不具备吸引效应的原因，而用 MeJA 处理柿树后，其挥发物中新增了 3-己烯醇，含量很高，表现出对瓢虫的招引效应。在 9 月份，日本龟蜡蚧成虫危害的柿树挥发物中萜烯类、醇类和酯类化合物明显增多，尤其是 α-蒎烯含量急剧增加，这是对瓢虫具有吸引力的原因，MeJA 处理柿树取得类似的效果，也对红点唇瓢虫表现出吸引效应。

（6）MeJA 处理后柿树挥发物中萜烯类物质的昼夜变化规律与红点唇瓢虫的趋性反应相吻合。挥发物中 3-崖柏烯、α-蒎烯、柠檬油精在MeJA 处理后增幅很大，白天主要有 6 种萜烯类，相对含量可达 50% 以上。对红点唇瓢虫具有招引效应的 2 个时间段，下午 15：00，萜烯类化合物总含量达到 85.13%，α-蒎烯和柠檬油精含量较高。次日早上7：00，萜烯类的总含量达到 89.07%，其中 α-蒎烯就占了 74.34%，其余萜烯类物质含量较低。晚上 19：00，这个时间段瓢虫对 MeJA 处理的柿树没有明显的趋向性，萜烯类只有 α-蒎烯 1 种，含量仅有 0.87%。

（7）在 MeJA 处理后 1d、3d 和 5d，比较柿树挥发物中主要起招引作用的萜烯类、醇类和酯类化合物的变化可知，2 种剂量的 MeJA 处理柿树挥发物的持续变化相一致，在处理后 1d，柿树具有招引效应，α-蒎烯是含量最多的萜烯类物质，到处理后 3d 和 5d 含量逐渐减少，乙酸己烯酯也是随时间的延长含量逐步递减。

（8）根据 MeJA 处理后柿树挥发物中 3 种组分 α-蒎烯、柠檬油精和3-己烯醇的变化规律与瓢虫的趋性反应呈正相关性，进行单组分味源的趋性试验验证了它们对红点唇瓢虫具有引诱活性，并具有一定的浓度效应，其中 α-蒎烯的引诱效果最好。

（9）本研究发现顺式-罗勒烯的变化趋势与红点唇瓢虫的趋性反应正好相反，在健康的柿树挥发物中含量很高，日本龟蜡蚧危害和 MeJA处理的柿树挥发物中含量却很低。说明它是健康柿树本身固有的萜烯类化合物，不是招引瓢虫的活性物质。

二、创新点

（1）首次系统研究了外源信号分子 MeJA 和日本龟蜡蚧诱导柿树挥发物在不同季节对红点唇瓢虫的引诱效应，发现在 7 月份，日本龟蜡蚧若虫危害期树体挥发物引诱瓢虫不明显。9 月份，日本龟蜡蚧成虫的严重危害才能诱导柿树产生具有招引效应的挥发物成分，具有吸引瓢虫的能力。而 MeJA 在 7 月份可以诱导柿树产生对红点唇瓢虫的引诱效应，在 9 月份同样能诱导出招引效应。这为在日本龟蜡蚧若虫期和成虫期应用 MeJA 调控寄主树木释放挥发物，吸引天敌进行生物防治提供了依据。

（2）系统研究了 MeJA 和日本龟蜡蚧诱导柿树挥发物成分的变化规律。弄清了 MeJA 处理和日本龟蜡蚧危害在不同季节、昼夜和浓度变化对柿树挥发物的影响。在挥发物中共检出化学组分 20 多种，主要包括萜烯类、醇类、酯类、烃类和醛类。其中萜烯类、醇类和酯类化合物的组分和含量变化与天敌昆虫的趋性反应紧密相关，并证实了 α-蒎烯、柠檬油精和 3-己烯醇这 3 种化合物对红点唇瓢虫具有引诱活性。

（3）发现了罗勒烯的特殊性，与其他萜烯类化合物不同，其变化趋势与红点唇瓢虫的趋性反应正好相反。说明它是健康柿树本身固有的萜烯类化合物，不是招引瓢虫的活性物质。

综上所述，本研究以柿树—日本龟蜡蚧—红点唇瓢虫三营养层次化学信息联系为基础，探讨了应用外源信号分子 MeJA 诱导柿树产生抗虫性，通过调节树体挥发物的释放节律和化学成分，增加对天敌昆虫的吸引，提高对蚧虫的捕食和寄生效率，为开辟蚧虫生物防治新途径提供了科学依据。

表3-16　红点唇瓢虫对于三种单组分味源的趋性反应

Table 3-16　Taxis choice of *C. kuwanae* to the three single compounds

α-Pinene

Concentration of compound (g/mL)	R1 Total No.	R1 Tendency percent	R1 χ²-Test	R2 Total No.	R2 Tendency percent	R2 χ²-Test	R3 Total No.	R3 Tendency percent	R3 χ²-Test	Average Total No.	Average Tendency percent	Average χ²-Test
10^{-3}	43	54.43%	N. S.	44	57.89%	N. S.	46	60.53%	N. S.	44	57.14%	N. S.
	36	45.57%		32	42.11%		30	39.47%		33	42.86%	
10^{-4}	53	68.83%	* *	60	74.07%	*	55	74.32%	* *	56	72.73%	* *
	24	31.17%		21	25.93%		19	25.68%		21	27.27%	
10^{-5}	63	81.82%	* *	60	76.92%	* *	62	75.61%	* *	62	78.48%	* *
	14	18.18%		18	23.08%		20	24.39%		17	21.52%	
10^{-6}	47	62.67%	*	48	61.54%	*	50	63.29%	*	48	62.34%	*
	28	37.33%		30	38.46%		29	36.71%		29	37.66%	

D-Limonene

Concentration of compound (g/mL)	R1 Total No.	R1 Tendency percent	R1 χ²-Test	R2 Total No.	R2 Tendency percent	R2 χ²-Test	R3 Total No.	R3 Tendency percent	R3 χ²-Test	Average Total No.	Average Tendency percent	Average χ²-Test
10^{-3}	40	53.33%	N. S.	48	55.17%	N. S.	42	52.50%	N. S.	43	53.75%	N. S.
	35	46.67%		39	44.83%		38	47.50%		37	46.25%	
10^{-4}	59	81.94%	* *	63	78.75%	* *	60	78.95%	* *	61	80.26%	* *
	13	18.06%		17	21.25%		16	21.05%		15	19.74%	
10^{-5}	49	64.47%	*	50	63.29%	*	45	63.38%	*	51	65.38%	*
	27	35.53%		29	36.71%		26	36.62%		27	34.62%	
10^{-6}	42	54.55%	N. S.	41	53.25%	N. S.	42	59.15%	N. S.	42	56.00%	N. S.
	35	45.45%		36	46.75%		29	40.85%		33	44.00%	

（续）

3-Hexen-1-ol

Concentration of compound (g/mL)	R1			R2			R3			Average		
	Total No.	Tendency percent	χ^2-Test	Total No.	Tendency percent	χ^2-Test	Total No.	Tendency percent	χ^2-Test	Total No.	Tendency percent	χ^2-Test
10^{-3}	51	64.56%	*	50	60.98%	*	48	62.34%	*	50	62.50%	*
	28	35.44%		32	39.02%		29	37.66%		30	37.50%	
10^{-4}	58	75.32%	**	63	81.82%	**	59	79.73%	**	60	78.95%	**
	19	24.68%		14	18.18%		15	20.27%		16	21.05%	
10^{-5}	47	57.32%	N. S.	39	58.21%	N. S.	42	53.85%	N. S.	43	56.58%	N. S.
	35	42.68%		28	41.79%		36	46.15%		33	43.42%	
10^{-6}	44	52.38%	N. S.	41	51.90%	N. S.	39	51.32%	N. S.	41	51.90%	N. S.
	40	47.62%		38	48.10%		37	48.68%		38	48.10%	

Note: ＊＊P<0.01, ＊P<0.05, N. S. means P>0.05

参 考 文 献

[1] Ben-Dov Y D, Miller D R, Gibson A C. ScaleNet: http://www.sel.barc.usda.gov/scalenet/scalenet.htm. 2008.

[2] 汤枋德. 中国蚧科. 第一版. 太原: 山西高校联合出版社, 1991: 1~545.

[3] 周尧. 中国昆虫学史. 西安: 天则出版社, 1988: 7~44.

[4] 杨平澜. 中国蚧虫分类概要. 上海: 上海科学技术出版社, 1982: 121~388.

[5] 谢映平. 山西林果蚧虫. 第一版. 北京: 中国林业出版社, 1998: 22~88.

[6] Ben-Dov Y, Hodgson C J, Eds., Soft Scale Insects: Their Biology, Natural Enemies and Control [Vol. 7A]. Elsevier, Amsterdam & New York., 1997: 1~452.

[7] Miller D R. Recent advances in the study of scale insects. Ann. Rev. Entomol, 1979, 24: 1~27.

[8] Pore R D. Some aphid waxes, their form and fuction (Homoptera: Aphididae). Journal of Natural History. 1983, 17: 489~506.

[9] Ben-Dov Y. A Systematic Catalogue of the Soft Scale Insects of the World. Florida: CRC Press, 1993: 1~536.

[10] 解焱, 李振宇, 汪松. 中国入侵物种综述. 保护中国生物多样性. 北京: 中国环境科学出版社, 1996: 91~106.

[11] 钱明惠. 我国松突圆蚧研究进展. 广东林业科技, 2003, 19(4): 51~55.

[12] 冯晓三. 柿树主要病虫害综合治理. 中国森林病虫, 2004, 4: 32~34.

[13] 中国森林植物检疫对象. 北京: 中国林业出版社, 1996: 1~220.

[14] Chibnall A C, Latner A L, William E F, Ayre C A. Biochem. J. 1934, 28: 313~325.

[15] Tamaki Y. Studies on waxy coverings of *Ceroplastes* scale insects. (In Japanese). Bulletin of the National Institute of Agricultural Science C, 1970, 24: 1~111.

[16] Tamaki Y, Kawai S. Seasonal changes of the wax covering and its components of a scale insect. *Ceroplastes Pseudoceriferus* Green. Scientific Pest Control, Kyoto, 1966, 31: 148~153.

[17] Tamaki Y, Kawai S. X-ray diffraction studies on waxy covering of scale insects (Ho-

moptera: Coccoidea). Applied Entomology and Zoology, Tokyo, 1969, 4: 79 ~ 86.

[18] Tamaki Y, Yushima T, Kawai S. Wax secretion in a scale insect. *Ceroplastes pseudoceriferus* Green (Homoptera: Coccidae). Applied Entomology and Zoology, Tokyo, 1969, 4: 126 ~ 134.

[19] Hashimoto A, Kitaoka S. Scanning electron microscopic observation of the waxy substances secreted by some scale insects. (In Japanese). Japanese Journal of Applied Entomology and Zoology, 1971, 15: 76 ~ 86.

[20] Hashimoto A, Ueda M. Coil from wax on the egg surface of *Drosicha corpulenta* kuwana (Homoptera: Margarodidae). Applied Entomology and Zoology, Tokyo, 1983, 20: 92 ~ 93.

[21] Foldi I. Ultrastructure des glandes tegumentatres dorsales, secretrices la "Laque" chez la femelle de *Coccus nesperidum* L. (Homoptera: coccidae). Int. J. Insect Morphol. & Embeyol, 1978, 7(2): 155 ~ 163.

[22] Foldi I. Ultrastructure of the wax-gland system in subterranean scale insects (Homoptera, Coccoidea, Margarodidae). Journal of Morphology, 1981, 168: 159 ~ 170.

[23] Foldi I. The wax glands in scale insects: comparative ultrastucture, secretion, function and evolution (Homoptera: Coccoidea). Annales de la Societe entomologique de France (N. S.), 1991, 27(2): 163 ~ 188.

[24] Foldi I. Ultrastructure of integumentary glands. 91-109. In: Ben-Dov, Y. & Hodgson, C. J. , Eds. , Soft Scale Insects: Their Biology, Natural Enemies and Control [Vol. 7A]. Elsevier, Amsterdam & New York, 1997: 1 ~ 452.

[25] Foldi I, Cassier P. Ultrastructure comparee des glandes tegumentaires de treize familiesde cochenilies (Homoptera: Coccoidea). Int. J. Insect Morphol. & Embryol, 1985, 14(1): 33 ~ 50.

[26] Foldi I, Lambdin P L. Ultrastructure and phylogenetic assessment of wax glands in the pit scales (Homoptera: Coccoidea). International journal of Insect Morphology & Embryology, 1995, 24(1): 35 ~ 49.

[27] Foldi I, Pearce M J. Fine structure of wax glands, wax morphology and function in the female scale insect, *Pulvinaria regalis* Canard (Hemiptera: Coccidae) (In French) International Journal of Insect Morphology & Embryology, 1985, 14: 259 ~ 271.

[28] Hartley A H, Walter G. H, Morrison J F. The ultrastructure of wax-secreting glands of the cochineal insect *Dactylopius opuntiae* (Dactylopiidae: Coccoidea: Ho-

moptera). Proceedings of the Electron Microscopy Society of South Africa, 1983, 13: 97 ~ 98.

[29] Kumar V, Tewari S K, Datta R K. Dermal pores and wax secretion in mealybug *Maconellicoccus hirsutus* (Hemiptera, Pseudococcidae). A pest of mulberry. Italian Journal of Zoology, 1997, 64(4): 307 ~ 311.

[30] Waku Y, Manabe Y. Fine structure of the wax gland in a scale insect, *Eriococcus lagerstraemiae* Kuwana (Homoptera : Eriococcidae). Appl. Ent. Zool., 1981, 16 (2): 94 ~ 102.

[31] Gullan P J, Strong K L. Scale insects under eucalypt bark: a revision of the Australian genus *Phacelococus* Miller (Hemiptera: Eriococcidae). Australian Journal of Entomology, 1997, 36: 229 ~ 240.

[32] Gullan P J, Cranston P S, Cook L G. The response of gall-inducing scale insects (Hemiptera: Eriococcidae: *Apiomorpha*) to the fire history of mallee eucalypts in Danggali Conservation Park, South Australia. Transactions of the Royal Society of South Australia, 1997, 121: 137 ~ 146.

[33] Bielenin I, Weglarska B. Study of the epidermal glands of female *Gossyparia spuria* (Mod.). (coccoidea, Eriococcidae) and SEM morphology of secreted waxes. Zoologische Jahrbuecher, Abteilung fur Anatomie und Ontogenie der Tiere (Zool. Jb. Anat.), 1990, 120(4): 369 ~ 379.

[34] Bielenin I, Weglarska B. The fine structure of the complex wax gland of female *Gossyparia spuria* (Mod.). (Homoptera, Coccoidea). Zoologische Jahrbuecher, Abteilung fur Anatomie und Ontogenie der Tiere (Zool. Jb. Anat.), 1992, 122(3): 417 ~ 426.

[35] Lit I L. Morphology of the unique structures of adult female lac insects (Hemiptera : Coccoidea : Kerriidae). Philippine Agricultural Scientist, 2002, 85(1): 25 ~ 38.

[36] Takagi S, Marusik Y M, Ohara M, Urbain B K. Records of *Arctortheia cataphracta* from the Middle Kuril Islands and SEM observations of their wax-secreting organs (Homoptera: Coccoidea: Ortheziidae), (In Japanese). Bulletin of the Otaru Museum, 1997, 10: 1 ~ 7.

[37] 王子清. 常见蚧虫鉴定手册. 北京: 科学出版社, 1980: 1 ~ 123.

[38] 王子清. 中国经济昆虫志(第二十四册)同翅目粉蚧科. 北京: 科学出版社, 1982.

[39] 王子清. 中国农区的介壳虫. 北京: 农业出版社, 1982: 1 ~ 198.

[40] 王子清. 中国经济昆虫志(第四十三册)同翅目蚧总科: 蜡蚧科、链蚧科、盘

蚧科、壶蚧科、仁蚧科. 北京：科学出版社, 1994：1～148.

[41] 周尧. 中国盾蚧志(第1, 2, 3卷). 西安：陕西科学技术出版社, 1982：1～195；1985：197～431；1986：435～771.

[42] 陈方洁. 中国雪盾蚧族. 成都：四川科学技术出版社, 1983：1～174.

[43] 汤枋德. 中国园林主要蚧虫(第一卷). 山西农学院, 1977：1～259.

[44] 汤枋德. 中国园林主要蚧虫(第二卷). 山西农业大学, 1984：1～126.

[45] 汤枋德. 中国园林主要蚧虫(第三卷). 山西农业大学, 1986：1～289.

[46] 汤枋德, 李杰. 内蒙古蚧害考察. 呼和浩特：内蒙古大学出版社, 1989：1～132.

[47] 汤枋德. 中国粉蚧科. 北京：中国农业科技出版社, 1992：1～478.

[48] 汤枋德, 郝静钧. 中国珠蚧科及其他. 北京：中国农业科技出版社, 1995：1～546.

[49] 陈晓鸣. 中国资源昆虫利用现状和展望. 世界林业研究, 1999, 12(1)：46～52.

[50] 吴次彬. 白蜡虫及白蜡生产. 北京：中国林业出版社, 1989：1～155.

[51] Li C. China wax and the China wax scale insect. World Animal Review, 1985, 55：26～33.

[52] 杨平澜. 松干蚧 *Matsucoccus matsumurae* (Kuwana)(Homoptera：Margarodidae) 雌虫腺体超微结构和功能. 昆虫学研究集刊, 1986, 6：253～260.

[53] 谢映平. 中国蚧科昆虫蜡泌物及其系统学意义研究. 南开大学博士论文, 2001.

[54] 谢映平, 郑乐怡. 瘤坚大球蚧蜡泌物的超微形态与红外光谱特征. 昆虫学报, 2001, 44(4)：408～415.

[55] 谢映平, 郑乐怡. 朝鲜毛球蚧蜡泌物的超微形态与红外光谱特征. 昆虫学报, 2002, 45(3)：329～335.

[56] 谢映平, 郑乐怡. 背刺毡蜡蚧蜡泌物的化学成分研究. 南开大学学报, 2002, 35(1)：1～6.

[57] 谢映平, 薛皎亮, 郑乐怡. 云南双蜡蚧蜡泌物的超微形态与化学成分. 昆虫学报, 2004, 47(3)：320～328.

[58] 谢映平, 薛皎亮, 张艳峰. 蚧虫蜡泌物的化学研究进展. 昆虫知识, 2004, 41(6)：512～518.

[59] 谢映平, 薛皎亮, 郑乐怡. 山西杉苞蚧蜡泌物的超微形态与化学成分研究. 林业科学, 2005, 41(3)：206～211.

[60] 谢映平, 薛皎亮. 角蜡蚧和日本龟蜡蚧蜡泌物的超微结构及化学成分分析.

昆虫学报, 2005, 48(6)：837~848.

[61] 谢映平. 蚧科昆虫的蜡泌物超微结构和化学成分. 第一版. 北京：中国林业出版社, 2006：1~237.

[62] 蒲蛰龙. 害虫生物防治的原理和方法. 第二版. 北京：科学出版社, 1982：1~318.

[63] 徐志宏, 黄建. 中国介壳虫寄生蜂志. 上海：科学出版社, 2004：1~524.

[64] Price P W, John Wiley, Sons. In Semiochemicals: Their Use in Pest Control. New York, 1981：251~271.

[65] Nadel D H, Van A, J. J. M. The role of host-plant and host-plant odors in the attraction of a parasitoid, *Epidinocarsis lopezi*, to the habitat of its host, the cassava mealybug, *Phenacoccus manihoti*. Ent. Exp. Appl. 1987, 45：181~186.

[66] Turlings T C J, Tumlinson J H, Heath R R, *et al*. Isolation and identification of allelochemicals that attract the larval parasitoid, *Cotesia marginiventris* (Cresson), to the microhabitat of one of its hosts. J. Chem. Ecol. , 1991, 17(11)：2235~2251.

[67] Vet L E M, Dicke M. Ecology of infochemical use by natural enemies in a tritrophic contwxt. Annu. Rev. Entomol. 1992, 37：141~172.

[68] Reed H C, Tan S H, Haapanen K, *et al*. Olfactory responses of the parasitoid *Diaeretiella rapae*(Hymenoptera: Aphidiidae) to odor of plants, aphids, and plant-aphid complexes. J. Chem. Ecol. , 1995, 21：407~418.

[69] Ngi Song A J, Overholt W A, Njagi P G N, et al. Volatile infochemicals used in host and habitat location by Cotesia flavipes Cameron and Cotesia sesamiae(Cameron) (Hymenoptera: Braconidae), larval parasitoids of stemborers on graminae. J. Chem. Ecol. , 1996, 22(2)：307~323.

[70] 娄永根, 程家安. 稻虱缨小蜂对水稻品种挥发物的行为反应. 华东昆虫学报, 1996, 5(1)：60~64.

[71] 娄永根, 程家安. 植物—植食性昆虫—天敌三营养层次的相互作用及其研究方法. 应用生态学报, 1997, 8(3)：325~330.

[72] 娄永根, 程家安. 植物的诱导抗虫性. 昆虫学报, 1997, 40(3)：320~331.

[73] Takeshi Shimoda, Takabayashi J, Ashihara W, Takafuji A. Response of predatory insect *Scolothips takahashii* toward herbivore-induced plant volatiles under laboratory and field conditions. J. Chem. Ecol. , 1997, 23(8)：2033~2048.

[74] Sullivan B T, Berisford C W, Dalusky M J. Field response of southern pine beetle parasitoids to some natural attractants. J. Chem. Ecol, 1997, 23(3)：837~856.

[75] Hsiao T H. Feeding behavior. In: Comprehensive Insect Physiology Biochemistry and Pharmacology (G. A. Kerkut & L. I. Gilberteds). Dxford: Pargamon Press. 1985: 471 ~ 512.

[76] 徐宁，陈宗懋，游小清. 引诱茶尺蠖天敌寄生蜂的茶树挥发物的分离与鉴定. 昆虫学报，1999, 42(2): 126 ~ 131.

[77] Takabayashi J, Dicke M, Posthumus M A. Volatile herbivore-induced terpenoids in plant-mite interactions: Variation caused by biotic and abiotic factors. J. Chem. Ecol. , 1994, 20(6): 1329 ~ 1354.

[78] 娄永根，程家安. 虫害诱导的植物挥发物：基本特性、生态学功能及释放机制. 生态学报，2000, 20(6): 1097 ~ 1106.

[79] Takabayashi J, Dicke M, Posthumus M A, *et al.* Variation in composition of preda-tor-attracting allelochemicals emitted by herbivore-infested plants: relative influence of plant and herbivore. Chemoecology, 1991, 2: 1 ~ 6.

[80] Loughrin J H, Potter D A, Hamilton-Kemp T R, *et al.* Volatile compounds in-duced by herbivory act as aggregation kairomones for the Japanese beetle (*Popillia japonica Newmen*). J. Chem. Ecol. , 1995, 21(10): 1457 ~ 1467.

[81] Blaakmeer A, Geervliet J B F, VanLoon J J A, *et al.* Comparative headspace anal-ysis of cabbage plants damaged by two species of *Pieris caterpillars*: Consequences for in-flight host location by *Cotesia parasitoids*. Ent. Exp. Appl. , 1994, 73: 175 ~ 182.

[82] Loughrin J H, Manukian A, Heath R R, *et al.* Volatiles emitted by different cotton varieties damaged by feeding beet armyworm larvae. J. Chem. Ecol. , 1995, 21 (8): 1217 ~ 1227.

[83] Loughrin J H, Potter D A, Hamilton-Kemp T R, *et al.* Diurnal emission of volatile compounds by Japanese beetles-damaged grape leaves. Phytochemistry, 1997, 45 (5): 919 ~ 923.

[84] Boeve, J-L, Lengwiler U, Tollsten L, *et al.* Volatiles emitted by-apple fruitlets in-fested by larvae of the Europen apple saw fly. Phytochemistry, 1996, 42 (2): 373 ~ 381.

[85] Le Rü B, Makosso J P M. Prey habitat location by the cassava mealybug predator *Exochomus flaviventris*: Olfactory responses to odor of plant, mealybug, plant-mealy-bug complex, and plant-mealybug-natural enemy complex. Journal of Insect Behav-ior, 2001, 14(5): 557 ~ 572.

[86] 谢映平，薛皎亮，唐晓燕. 绵粉蚧危害的花椒树对异色瓢虫的招引作用. 林

业科学, 2004, 40(2): 38 ~45.

[87] Gols R, Posthumus M A, Dicke M. Jasmonic acid induced the production of gerbera volatiles that attract the biological control agent Phytoseiulus persimilis. Entomol. Expt. Appl. , 1999, 93: 77 ~86.

[88] Heil M. Induction of two indirect defences benefits lima bean (Phaseolus lunatus, Fabaceae) in nature. J Ecol. , 2004, 92(3): 527 ~536.

[89] Sembdner C, Parthier B. The biochemistry and the physiological and pmolocular actions of jasmonates. Annu. Rev. Plant Physiol Plant Mol. Biol. , 1993, 44: 569 ~ 589.

[90] Creelman R A, Mullet J E. Biosynthesis and action of jasmonate in plants. Annu. Rev. Plant Physiol Plant Mol. Biol. , 1997, 48: 355 ~381.

[91] Sun D Y, Guo Y L, Ma L G, et al. Cellur Signal Transduction. Third edition. Beijing: Science Press. 2001: 284 ~285.

[92] Vick B A, Zimmerman D C. The biosynthesis of jasmonic acid: A physiological role for plant lipoxygenase. Biochem. Biophys Res. Comm. , 1983, 111: 470 ~477.

[93] Greelman R A, Tierney M L, Mullet J E. Jasmonic and methyl jasmonate accumulate in wounded soybean and modulate wound gene expression in plants. Proc. Natl. Acad. Sci. , 1992, 89: 4938 ~4941.

[94] Famer E E, Ruyan C A. Interplant communication: Airborne methyl-jasmonate induces sythesis of proteinase inhibitors in plant leaves. Proc. Natl. Acad. Sci. , 1990, 87(7): 713 ~716.

[95] Avdiudhko S A, Brown G C, Dahlman D L, et al. Methyl jasmonate exposure induced insect resistance in cabbage and tobacco. Environ. Entomol. , 1997, 26: 642 ~654.

[96] Wasternack C, Parthier B. Jasmonater-signalled plant gene expression. Trends. Plant Sci. , 1997, 2: 302 ~309.

[97] Dam N M, Hadwich K, Baldwin I. Induced responses in Nicotianu attenuate affect behaviour and growth of the specialist herbivore Manduca sexta. Oecologia. 2000, 122(3): 371 ~379.

[98] Bolter C J, Jongsma M A. Colorado potato beetle (Leptinotarsa decemlineata) adapt to proteinase inhibitors induced in potato leaves by methyl jasmonate. J. Insect Physiol. , 1995, 41(12): 1071 ~1078.

[99] Duffey S S, Felton G W. Enzymatic antinutritive defences of the tomato plant against insects. In: Hedin P ed. Naturally OccurringPest Bioregulators. Washington DC: A-

merican Chemical Society, 1991: 167.

[100] Kessler A, Baldwin I T. Defensive function of herbivory-induced plant volatile e-missions in nature. Science. 2001, 291: 2141 ~2214.

[101] Mumm R, Schrank K, Schulz S, et al. Chemical analysis of volatiles emitted by*Pi-nus Sylverstris* after induction by insect oviposition. J. Chem. Ecol. , 2003, 29 (5): 1235 ~1252.

[102] Van Poecke R M P, Posthumus MA, Dicke M. Herbivore-induced volatile produc-tion by *Arabidopsis thaliana* leads to attraction of the parasitoid *Cotesia rubecula*: chemical, behavioral, and gene-expression Analysis. J. Chem. Ecol. , 2001, 27 (10): 1911 ~1928.

[103] 吕要斌, 刘树生. 外源茉莉酸诱导植物反应对菜蛾绒茧蜂寄生选择行为的影响. 昆虫学报, 2004, 47(2): 206 ~212.

[104] Lou Y G. , Hua X Y, Turlings T C J, et al. Differences in induced volatile emis-sion among rice varieties result in differential attraction and parasitism of *Nilaparva-ta lugens* eggs by parasitoid *Anagrus nilaparvatae* in the field. J. Chem. Ecol. 2006, 32: 2375 ~2387.

[105] 桂连友. 外源茉莉酸甲酯对茶树抗虫作用的诱导及其机理. 浙江大学博士学位论文, 2005.

[106] 高海波, 沈应柏. 水杨酸甲酯、苯骈噻唑及茉莉酸甲酯对合作杨防御物质的影响. 西北林学院学报, 2007, 22: 6.

[107] 沈应柏. 合作杨苗木对伤害和气体防御信号的响应. 北京林业大学博士论文, 2006.

[108] 桂连友, 刘树生, 陈宗懋. 外源茉莉酸和茉莉酸甲酯诱导植物抗虫作用及其机理, 昆虫学报, 2004, 47(4): 507 ~514.

[109] 徐伟, 严善春. 茉莉酸在植物诱导防御中的作用. 生态学报, 2005, 25(8): 2074 ~2082.

[110] 郑国锠, 谷祝平. 生物显微技术. 第二版. 北京: 高等教育出版社, 1982: 93 ~95.

[111] Hodgson C J. The scale insect family Coccidae, an identification manual to genera. Wallingford, CAB International. 1994: 1 ~629.

[112] De Lotto. On the status and identity of the cochineal insects (Homoptera: Coc-coidea: Dactylopiidae). Journal of the Entomological Society of Southern Africa, 1974, 37(1): 167 ~193.

[113] 庄馥萃. 世界胭脂虫业再度兴起. 昆虫知识, 1995, 32(6): 372 ~373.

［114］张忠和，石雷，徐珑峰．胭脂虫的形态分类及生物学特性概述．西南林学院学报，2002，22（4）：67～71.

［115］北京农业大学．昆虫学通论．第一版．北京：农业出版社，1983：13～92.

［116］Pope R D. Wax production by coccinellid larvae（Coleoptera）. Systematic Entomology. 1979，4：171～196.

［117］陈华才，娄永根，程家安．二化螟绒茧蜂对二化螟及其寄主植物挥发物的趋性反应．昆虫学报，2002，45（5）：617～622.

［118］Turlings T C J, Tumlinson J H, Lewis W J. Exploitation of herbivore-induced plant odors by host seeking parasitic wasps. Science. 1990，250：1251～1253.

［119］Dick M, Baarlen P V, Wessels R, et al. Herbivory induces systemic production of plant volatiles that attract predators of the herbivore：Extraction of endogenous elicitor. J. Chem. Ecol. 1993，19：581～599.

［120］Rodriguez-Saona C, Crafts-Brandner S J, Pare R W, et al. Exogenous methyl jasmonate induces volatile emissions in cotton plants. J. Chem. Ecol. 2001，l 27：679～695.

［121］Dicke M. Local and systemic production of volatile herbivore-induced terpenoids：Their role in plant-carnivore mutualism. J. Plant Physiol. 1994，143：465～472.

［122］张瑛，严福顺．虫害诱导的植物次生性挥发物质及其在植物防御中的作用．昆虫学报，1998，41（2）：204～214.

［123］Turlings T C J, Loughrin J H, Mc Call P J, et al. How caterpillar-damaged plants protect themselves by attracting Parasitic wasps. Proc. Natl. Acad. Sci. USA，1995，92：4169～4174.

［124］康乐，T. L. Hopkins. 黑蝗初孵蝗喃对植物气味和植物挥发性化合物的行为和嗅觉反应．科学通报，2004，49（1）：81～85.

［125］Chenier J V R, Philogene B J P. Field responses of certain forest coleoplera to conifer monterpenes and athanol. J. Chem. Ecol. 1989，15（6）：1929～1945.

［126］Mordlander G. Limonene inhabits attraction toα-pinene in the pine weevile. J. Chem. Ecol. 1990，16（4）：1307～1320.

［127］李继泉，樊慧．天牛取食后复叶槭挥发物的释放机制．北京林业大学学报，2002，24（5）：170～174.

［128］Terrance D H, David F W. Anti-repellent terpenoids from Melampodium divaricatum. Phytochem, 1985，24：1197～1198.

［129］Turlings T C J, Benrey B. Effect of plant metabolites on the behavior and development of parastic wasps. EcoScience. 1998，5：321～333.

[130] Halitschke R, Schitlko U, Pohnert G, *et al.* Molecular interactions between the specialist herbivore *Manduca sexta* (Lepidoptera: Sphingidae) and its natural host *Nicotiana attenuata* III Fatty acid – amino acid conjugates in herbivore oral secretions are necessary and sufficient for herbivore-specific plant responses. Plant physiol. 2001, 125: 711~717.

[131] Zhang F J, Jin Y J, Chen H J, *et al.* The selectivity mechanism of *Anoplophora glabripennis* on four different species of maples. *Acta ecologica sinica.* 2006, 26: 870~877.

[132] Calderone N W, Wilson W T, Spicak M S. Ecaluation of plant extracts for control of the parasitic mites Varroa jacobsoni (Acari: Varroidae) and Acarapis woodi (Acari: Tarsonemidae) in colonies of Apis mellifera (Hymenoptera: Apidae). J. Econ. Entomol. 1997, 90: 1060~1086.

[133] 张风娟, 金幼菊, 陈华君, 等. 光肩星天牛对 4 种槭树科寄主植物的选择机制. 生态学报, 2006, 3: 870~877.

[134] 韩宝瑜, 周成松. 茶梢和茶花主要挥发物对门氏食蚜蝇和大草蛉引诱效应. 应用生态学报, 2004, 15(4): 623~626.

[135] 程家安. 昆虫分子科学. 北京: 科学出版社, 2001.

[136] 王海波. 蚕豆叶片几丁质酶活性的蚜虫诱导——植物生理应激反应的趋同性. 应用生态学报, 1994, 5(1): 68~71.

[137] Dicke M, Gols R, Ludeking D, *et al.* Jasmonic acid and herbivory differentially induces carnivore-attracting plant volatiles in lima bean plants. J. Chem. Ecol. 1999, 25: 1907~1922.

[138] 黄金水, 汤陈生, 郭瑞鸣, 等. 红点唇瓢虫生物学特性及其捕食功能. 武夷科学, 2006, 22: 01.

[139] 钦俊德. 昆虫与植物的关系——论昆虫与植物的相互作用及其演化. 北京: 科学出版社, 1987.

[140] 鲁玉杰, 张孝羲. 信息化合物对昆虫行为的影响. 昆虫知识, 2001, 38(4): 263~266.

[141] 杜家纬. 植物—昆虫间的化学通讯及其行为控制. 植物生理学报, 2001, 27 (3): 193~200.

致　谢

在本书完成之际，首先感谢我的导师谢映平教授。本书的研究内容是在谢老师的悉心指导下完成的。谢老师在各方面给予了我无微不至的关怀和爱护，才使我得以顺利完成研究的选题、设计、试验和撰写。谢老师严谨的工作作风，宽广的胸怀、渊博的知识、独到精辟的见解以及求实、积极创新的科学精神和乐观向上的人生态度为我今后的工作、生活树立了榜样，将使我终生受益。在此衷心感谢导师对我的培养、关怀和教育，并致以最诚挚和最崇高的敬意！

同时我要特别感谢薛皎亮教授在试验中给予的指导。对于在试验过程中得到北京林业大学金幼菊教授、陈华君教授、武晓颖博士；北京师范大学谢梦峡教授、刘媛和刘海灵老师；山西医科大学范建老师的大力支持和帮助，在此一并表示感谢。非常感谢美国农业部林务局研究员张建伟老师在论文修改和数据分析方面的帮助。

最后我要感谢山西大学生命科学学院及科研处的领导和许多老师的教诲和帮助。感谢实验室众多同学的支持。在本书出版过程中得到中国林业出版社老师的精心指导，特致谢意！

张艳峰

2012 年 4 月